大人的生物教室

透過85堂課理解生命的起源與存在

大石正道／著
陳識中／譯

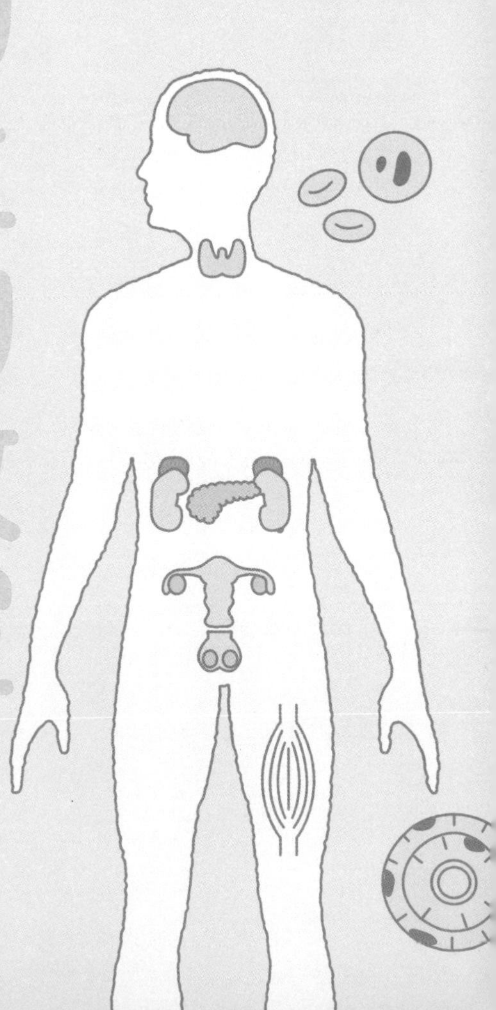

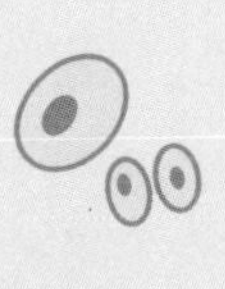

前言

生物學的發展速度十分迅速，日本高中的生物課綱，近年來有了大幅度的改訂。過去提到生物，一般都是從海膽或是青蛙的誕生開始講起，而遺傳學的部分則是從孟德爾定律開始教起；然而現在的教材，卻是直接從「構成生物體的基因」和「基因改造」等題材切入。

過去一般人對於生物學的印象，都是從仔細觀察動植物入門，等到對生物相當熟悉之後，才開始深入研究果蠅或黏菌等特定的生物。然而現代對生物學的印象，則是身穿白衣自由剪接基因的分子生物學家。另外，在以生物學為志業的人當中，抱有崇高目標、期望未來透過基因改造解決人類糧食危機的人，以及透過基因治療在醫學領域有所貢獻的人也愈來愈多。

隨著生物學的相關知識飛躍性地增加，新的資訊也在網路上充斥氾濫。然而，由於內容的專門性極高，大部分的人似乎還是有看沒有懂。不僅如此，除了專家之外，一般民眾也可以在網路上分享資訊，使得各種正確和錯誤的生物學知識交織混雜，加上又沒有人替這些資訊嚴加把關，因此有時候根本分不出究竟哪些是真、哪些是假。

以前學過生物的人，如果看到現在的高中教科書，肯定會對今昔的差異感到訝異吧。直到不久前，教科書上都還把生態系的角色分為生產者、消費者，以及分解者三個大群；但現在高中新版的教科書，卻**不再使用分解者這個名詞，而是把分解者重新歸類到消費**

者內。還有，在遺傳學的部分，日本以前習慣說的「**優性**」、「**劣性**」這種表現，也在日本遺傳學會的建議下，改用「**顯性**」和「**隱性**」來取代。

筆者在大學是負責教生物學的，有時會在課堂上要求學生「請上網調查一下○○的資料」，讓學生自己使用關鍵字進行查詢。然而，看到學生們查詢跳出的頁面，有時卻是跟我期望的完全不同的網頁。每當這種時候，我都會心想「如果學生具有生物學的基礎知識，就不會錯得這麼離譜了」，同時在內心感慨「如果有一本可以清楚傳達生物學基礎知識的書就好了」，基於此原因此才編寫了這本書。

我想大家應該都曾經單純出於好奇心，思考過「生命的起源是什麼？」、「我的祖先是從哪裡來的？」、「我的身體是怎麼構成的？」這些跟自己的存在有關的問題。不論你是文科、理科，如果你的心中也抱有這類基本的疑惑，相信本書的內容一定能對你有所幫助。

本書為了讓任何人都能夠輕鬆理解生物的基礎知識，舉了許多教科書上很少用的「譬例」，讓讀者可以用日常生活中的事物來理解。另外，關於本書中經常出現的「基因組」一詞，我們將不會集中放在一個章節來講解，而是每次在與此相關的主題出現時重新說明一遍，因為重要的內容多說明幾次會更好。光看文章難以理解的部分，本書也會盡量用可以只看圖就理解的方式呈現。

如果你是看不懂高中生物課本的人、想要一窺生物世界奧妙的人，又或是想認識自己的存在的人，只要讀完本書，相信你一定能為過去覺得不可思議的生物之謎找到答案。

2018年5月吉日

大石 正道

CONTENTS

第3章 構成生物體的物質

第4章 揭開基因和 DNA 的面紗

第5章 動物的發育機制

第6章 維繫生命的機制—代謝、發酵、光合作用

第7章 生物反應與調整的機制

第8章 生物多樣性和瀕危物種

第9章 生物如何在環境中生存

從生命誕生到人類出現

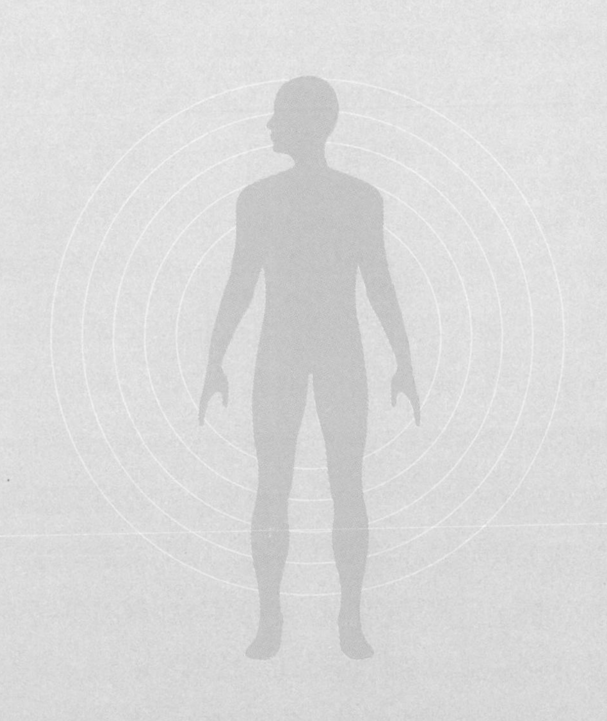

生命來自何方？

——生於地球？抑或來自宇宙？

「我們的祖先是從哪裡來的」，如果不停追溯這個問題，最後就會出現「生命來自何方」的疑問。關於生命的起源，有地球誕生說和宇宙發生論。目前科學家正透過各種知識、證據，以及經驗和實驗等，努力了解真相。

關於生命的起源，大致可分為三種理論。**第一是神造論；第二是地球上的簡單化學物質經過長時間變化為複雜的物質後，才產生了生命；第三則是來自地球之外**。第一種理論已經超出了科學的範圍，所以這裡不進行討論，只會介紹第二和第三種理論。

生物主要是由含有碳、氧、氫、氮等元素的化合物所組成。由於這些元素原本就存在於空氣和水中，因此有一派科學家認為這些物質經過了複雜的過程之後，誕生出了生命。18世紀時，生物學家認為生物體內的物質是只能由生物自行合成的特殊物質，為了與礦物做出區別，因而將前者稱為有機物，後者稱為無機物。然而後來人們發現，諸如胺基酸之類的**簡單有機物就算沒有生物參與也能合成，便不再把有機物當成特殊的物質**。現在有機物泛指含有碳元素的化合物中，除了二氧化碳和碳酸鈉這種簡單物質以外的物質。

因為這樣，有些科學家開始思考，既然有機物可以透過人工合成，那麼自然界應該也能合成簡單的有機物。曾得過諾貝爾獎的美國化學家哈羅德・尤里（Harold Clayton Urey）認為，「原始地球的大氣，是含有水、甲烷、氨、氫的還原（幾乎不存在分子狀態的氧）環境」。1953年，當時還是芝加哥大學研究生的史丹利・米勒（Stanley Lloyd Miller），在尤里的指導之下進行了一個實驗，**證明了簡單的有機化合物實際上可經由人工合成**。這個實驗是在燒瓶內放入上述氣體和水，然後從下方加熱使水分蒸發。接著在相連的另一個燒瓶內放電模仿落雷，讓氣體在導管內冷卻後送回燒瓶。連續重複此過程一星期左右，燒瓶內的溶液逐漸變成褐色。米勒分析溶液內的成分後，在裡面找到了組成蛋白質的多種胺基酸。後來，在其他類似的實驗中，除了胺基酸之外，又發現了構成核酸的嘌呤和嘧啶、ATP（三磷酸腺苷，參照本書3－7）的構成要素腺嘌呤。

之後隨著地球物理學的進步，科學家發現原始地球的大氣中，還存在著米勒模擬的還原環境中所不存在的含有大量二氧化碳的氧化環境。然而，科學家已經知道，現在在深海的海底熱泉仍存在與

圖1 米勒的實驗

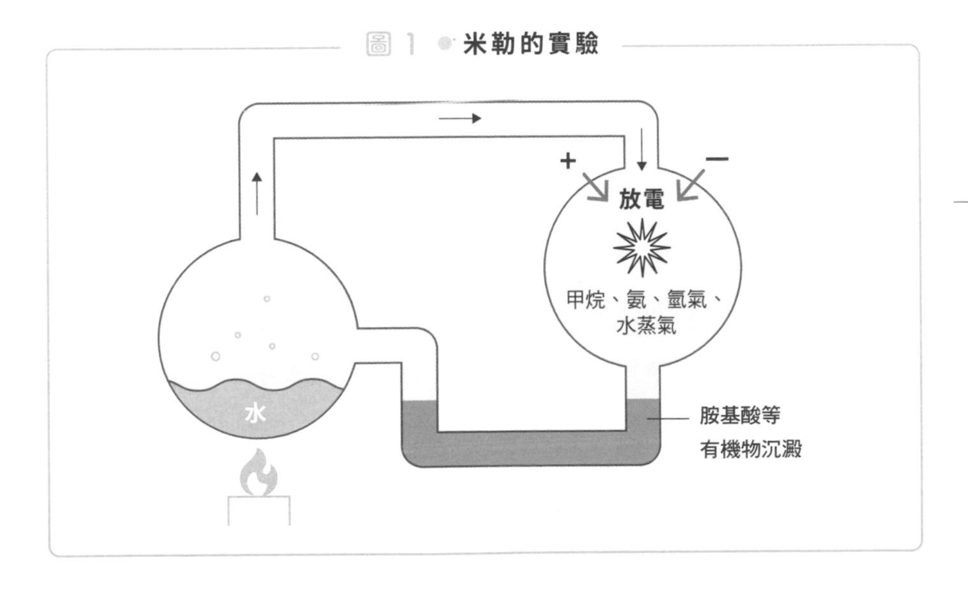

米勒的實驗中相似的環境，同時也有可能存在合成有機物。米勒的實驗，發現了對生命十分重要的有機化合物，即使不借助生物的力量也有辦法合成，這大大改變了後來生物學家的研究方向。

另一方面，由於科學家在來自宇宙的隕石中，也發現了胺基酸等有機化合物，因此也有一派學者認為生命的起源來自宇宙。

實際上，在1969年墜落於澳洲的默奇森隕石內部，便發現了多種胺基酸。各種分析結果都證明了這些胺基酸並非來自地球的生物，而是來自宇宙。之後，科學家又陸續從其他含有碳元素的隕石中檢出了胺基酸，**證明了像胺基酸這種簡單的有機化合物，有可能是在地球誕生，也有可能是來自宇宙。**

最初的生命是什麼樣子？

——分隔外界和內部就是生命的開始

在假定原始生命誕生於地球的前提下，許多科學家都在思考其中的詳細過程究竟是什麼，並提出了各種理論。

這裡先讓我們來思考一下生物的特徵吧。①首先，**生物都有「細胞膜」來分隔外界和內部**。換句話說，唯有分隔外界和內部，細胞內的環境才能不被周圍的環境影響，維持在特定狀態。然後，②可以從外界攝取物質，**在細胞內轉化為別的物質**（這個過程稱之為代謝。參照6－1）。並透過化學變化產生能量，用於細胞內的各種生命活動。另一方面，生物還可以把細胞內的老舊廢物排放到外界。最後，③生物最重要的一個特徵，就是**具有能複製出相同個體的系統**。所有的生物都擁有DNA或RNA等遺傳物質，能夠留下與自己相同外形的子代（詳細請參照3－4）。

無論哪種生物都具有分隔生物內部與外界的「細胞膜」，而且細胞膜擁有由脂質構成的雙層脂膜構造。這個構造即使不是生物也能輕鬆製造出來。換句話說，只要把脂質等有機物加水，就能製造出一種名為脂質體、內部含有水分的球狀構造。

有一派學說主張，核酸之一的RNA就是由這種脂質體構造組成，繼而誕生出原始生命的。

根據此理論，首先讓脂質與水混合，製造出脂質體，然後經過漫長的歲月，**①從外界攝取生命活動所需的物質，②代謝物質，③當這些物質分成兩堆時，RNA便能夠均等分配，最初的生命就誕生了。**

圖2 ● 最初的生命是由脂質體演變而來的理論

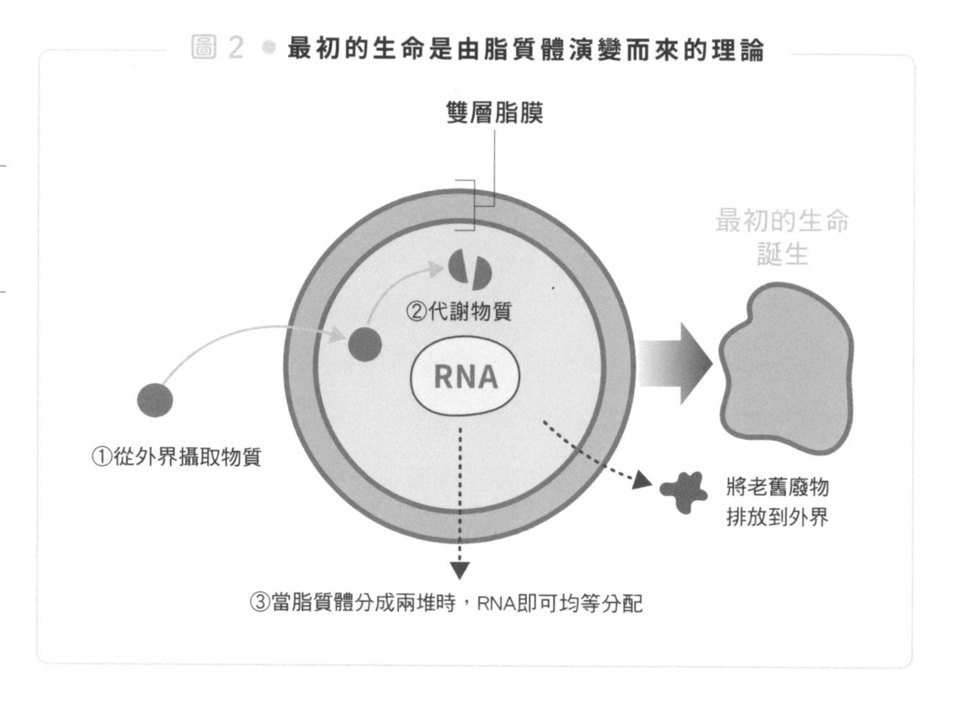

把劇毒氧氣變成良藥的生物生存戰略

——嗜氧菌與粒線體的故事

我們無時無刻都在進行吸入氧氣、吐出二氧化碳的「呼吸作用」。你可能會覺得這是很理所當然的事情，但**對最早出現在地球上的生物而言，氧氣卻是一種劇毒**。其實，氧是所有物質中反應性最強的一種，可以跟各種化學物質發生氧化反應。由於這種高反應的性質，氣態的氧對最早出現在地球上的生物來說，是一種會把所有生物分子氧化的有毒物質。

一般認為地球誕生於距今46億年前，而最早的生命則推測在海洋剛誕生不久的40多億年前就出現了。然而，這個時期的地球沒有臭氧層，太陽的紫外線會直接照射在地表上。因此，在陽光能抵達的地表和海面附近，一般認為生物並無法生存。換句話說，最早的生命**很可能誕生在陽光無法到達的深海**。

經由各種細菌的基因分析顯示，最原始的細菌大多具有好熱性，而且有幾種細菌更是在海底熱泉中發現的，所以科學家推測生命的誕生可能與海底熱泉有關。

由於生命剛誕生時的地球幾乎還不存在氣態的氧，因此一般認為這時候還沒有會呼吸氧氣的生物。相反地，科學家想像**這時期的生物應該是不使用氧氣來分解有機化合物的厭氧菌（討厭氧氣的細**

菌）。不過，因為這些生物誕生的時候，有機化合物的量還很少，所以**此時登場的應該是能自行合成有機化合物的細菌**。這些細菌會透過氫、甲烷、硫磺、氨等物質的氧化還原反應取得能量，合成有機化合物，因此被稱為**化能菌**。

然後下一個階段登場的，則是不使用化學物質取得能量，改為**利用太陽能的光合成細菌**。而在這些會進行光合作用的生物中，也包含原核生物※的藍綠藻（※注：原核生物就是沒有明顯核膜的生物，與具有核膜或胞器的真核生物加以區別。參照1－4）。

2017年，在加拿大魁北克省北部約40億年前的地層中**發現了地球最古老的化石**。這些化石與在海底熱泉周圍發現的現代微生物的結構非常相似，因此被科學家認為是「最早的生命誕生於海底熱泉附近」的佐證。

另外，在澳洲約34億5000萬年前的地層中也發現了類似藍綠藻的微生物化石。由此可知距今約27億年前藍綠藻大量出現，**透過光合作用吸收了大氣中的二氧化碳，排放出大量的氧氣**。大氣中的氧氣增加，來自太陽的紫外線照射到氧分子就會形成臭氧；接著臭氧層從地表慢慢上升，使得到達地表的紫外線量逐漸減少。由於地表上對生物有害的紫外線減少了，因此原本躲在深海生活的生物才變得能夠在海面附近生存。

然後海洋和大氣中的氧濃度繼續增加到某個階段後，**大約20億年前，細胞出現巨大化的現象**。科學家認為這些巨大化的細胞就是真核細胞。真核細胞具有細胞核、粒線體、葉綠體等各種俗稱胞器的結構。一般認為這些結構原本都是獨立的細菌，後來被大型細胞吞噬後，就這樣留在內部形成了共生關係（**內共生說**）。

譬如粒線體就具有其獨特的DNA（粒線體DNA）。將粒線體的基因序列和其他生物比較之後，科學家發現它和屬於嗜氧菌的立克次體（一種比細菌更小，但比病毒大的微生物）的近親α-變形菌非常相似，因此推論粒線體是某種細菌跟其他細菌共生之後演變而來的。

氧被細胞攝取後，是靠著擴散作用在細胞內移動，因此如果細胞的體積太大，氧就無法到達細胞深處，具有容易缺氧的缺點。不過，**由於粒線體構造的出現，細胞變得能夠有效利用為數不多的氧氣產生足夠的能量，有助於促進細胞的巨大化**。

因為真核生物可以透過粒線體積極利用氧氣產生維持生命活動的能量，所以能比不具粒線體的原核生物進行更有效率的運動和代謝。於是，在生命誕生之初對生物而言曾是劇毒的氧氣，逐漸變成了維生不可或缺的必需品。

圖3 ● 內共生說

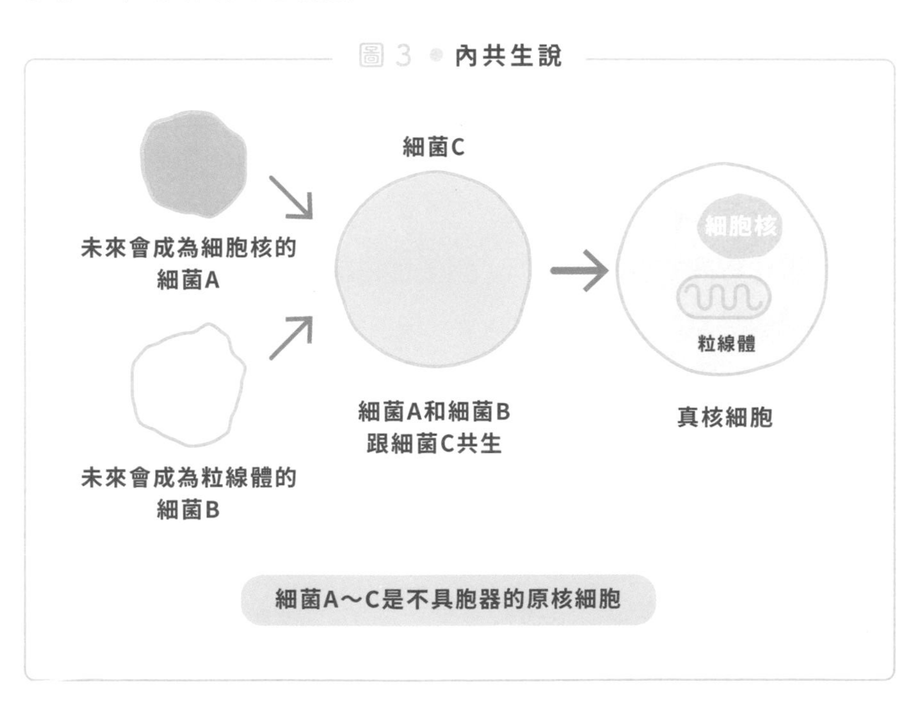

古細菌其實很新？

——古細菌與真核生物的故事

一如前面所述，一般認為最早的生命是細胞結構單純的原核生物，但隨著基因分析的進步，科學家發現，**原核生物其實還可分為真細菌（Bacteria）和古細菌（Archaebacteria或Archaea）兩大類**。猜猜看，究竟哪一種比較古老呢？

古細菌大多棲息在高溫的溫泉，或是鹽度非常高的鹹水等其他生物難以生存的嚴苛環境。因為這類環境跟科學家想像的古代地球環境很相似，所以便將這類生物取名為古細菌。一般人看到這個名字可能會以為古細菌的演化程度比普通細菌更古老，也就是其他細菌的祖先，但基因分析的結果卻不是如此。**研究發現最早的原核生物分別演化成真細菌和古細菌，然後從古細菌中又演化出了真核生物**。只要看看基於多種細菌的基因相似性而製成的系統樹，即可看出古細菌與真核生物的親緣關係。

圖 4 ● 生物世界的系統樹

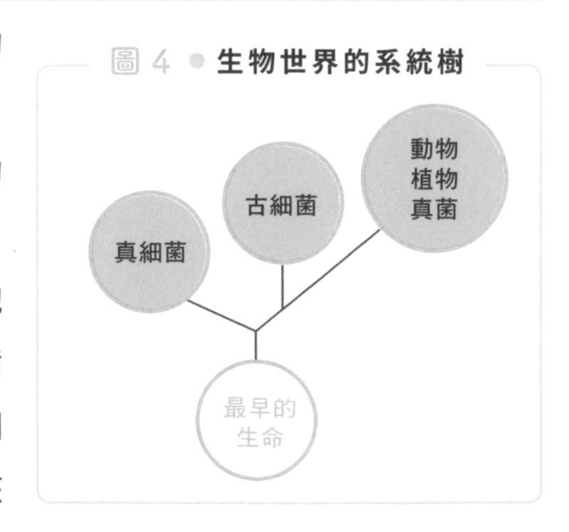

由於古細菌屬於原核細胞型態，跟真細菌一樣，不具備由明確的核膜分隔出來的「細胞核」；但古細菌擁有跟真核

生物的核蛋白質——組蛋白H3和H4非常相似的蛋白質。只要讓這些組蛋白包住DNA，使之穩定化，就能得到跟真核生物的核小體（參照2－3）相似的構造。

此外，科學家還在古細菌中發現了原核生物不具備，原本被認為是真核生物特徵的基因結構之一「內含子」，這也是古細菌較接近真核生物的原因之一（內含子位於基因之中，會從DNA被轉錄到未成熟的mRNA上，但會在mRNA成熟的過程中被剪除，屬於轉譯成蛋白質時不必要的部分）。

其他還有與DNA複製有關的蛋白質、酵素的各種性質、從DNA轉錄到mRNA的機制等相當類似，可以說古細菌與真核生物有許多類似之處。

表1 ● 從地球誕生到現在的年表

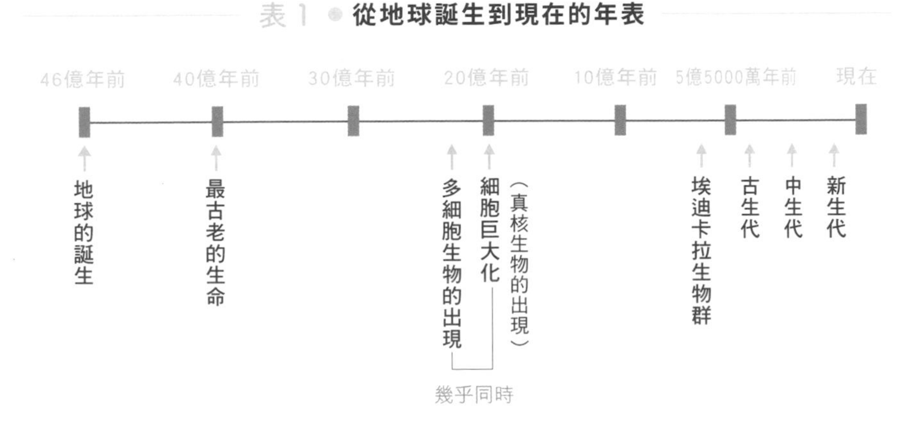

多細胞生物登場

——埃迪卡拉生物群的故事

一般認為地球上最早誕生的生物是「單細胞生物」，那麼由多個細胞組成的「多細胞生物」又是在何時出現的呢？

根據近年來的研究，**科學家想像多細胞生物應該出現在距今約22億年前**。儘管當時是原核生物的藍綠藻相當繁榮的時代，幾乎找不到真核生物的化石，但是在美國密西根州的前寒武紀地層中卻發現了一個非常稀有罕見的化石。那個化石就是後來被命名為捲曲藻（*Grypania spiralis*）的真核生物藻類，細胞是相連的細長線狀構造。

這個生物究竟是單純的群落（colony），還是已經出現細胞分工的真正多細胞生物，目前仍不清楚，但在**真核生物登場的相對早期出現這種多細胞生物，被認為是很重要的發現**。這是因為相較於最早的生物在距今約40億年前出現後，花了約20億年的時間才演化至細胞巨大化、出現真核生物，而從真核生物演化至多細胞生物卻幾乎是在同一時期。

不過，要到更晚期的地層才開始大量發現多細胞生物的化石。

1946年，在澳洲阿得雷德北方的埃迪卡拉丘陵的6億～5億5000萬年前的地層中，挖出了大量的化石。這是肉眼可辨識的最古老的生物化石。這些生物化石被稱為埃迪卡拉生物群，全都沒有甲殼或骨骼，身體只由柔軟的組織構成。明明只有柔軟的組織卻還能被保留下來成為化石，一般推測是因為這些生物活在海底，然後被泥流之類的現象一瞬間封進海底淤泥的緣故。

埃迪卡拉生物群的生物特徵在於，身體厚度明明只有數毫米至1公分左右，大小卻可達到數十公分，甚至是1公尺，身體的構造非常扁平。然而，由於埃迪卡拉生物群長得跟地球上現存的生物都不相似，因此它們與現代生物的演化關係仍不明確。另外，從沒有發現掠食者的化石這點來看，這個時期似乎還沒有食物鏈（吃與被吃）的關係。所以也有人將這個時代的生物界比喻為《舊約聖經》中登場的和平樂園「伊甸園」，稱之為「埃迪卡拉樂園」。

圖 5 ● 埃迪卡拉生物群的復原想像圖

埃迪卡拉生物群不只出現在澳洲，在加拿大的紐芬蘭島、俄羅斯西北部的白海沿岸、中國等20多個地方，也有發現類似生物的化石。

不過，這些生物群被認為全都在距今約5億4000萬年前的寒武紀開始時就滅絕了。

進入寒武紀之後，像三葉蟲這種擁有堅硬外骨骼的動物開始變多，因此也有人認為埃迪卡拉生物群後來都被這些掠食者吃光了。

單細胞生物並不單純

——單細胞與多細胞的不同

我們常常把頭腦簡單的人形容為「單細胞生物」，但單細胞生物真的比多細胞生物更劣等嗎？接下來就**讓我們來思考一下單細胞生物與多細胞生物的不同吧**。

單細胞生物由於細胞愈大，氧氣就愈不容易到達細胞內，因此細胞大小有先天的物理極限，只能維持一定大小，不能長得太大。所以，單細胞生物經常成為多細胞生物的食物。另一方面，由於單細胞生物可在短時間之內以指數增加，因此只要得到適當的生長環境，數量就可以爆發性地增長。

有些單細胞生物會群聚在一起。當這些群聚的細胞沒有表現出分工時，就稱為群落（colony），用以跟多細胞生物做區別。

那麼所謂的「細胞分工」又是怎麼一回事呢？一般常說，人類的身體是由大約60兆個細胞所組成，不同部位和功能的細胞長得也各不相同。神經細胞為了將外部的刺激迅速傳遞至大腦，以及將腦部的神經訊號迅速傳遞至肌肉，因此擁有非常細長的軸突；而肌肉細胞為了能夠伸縮，在細胞內擁有收縮裝置。另外像紅血球負責把氧氣運送到身體各處，白血球則負責攻擊侵入體內的病毒或細菌等外敵。

從這個角度來看，可能會覺得多細胞生物比較高等，但從地球上仍然存在非常多的單細胞生物這點來看，**單細胞生物肯定也擁有某些不輸給多細胞生物的長處。**

單細胞生物每次進行細胞分裂的間隔時間很短，只要有合適的環境就能爆發性地增長，除此之外，**單細胞生物的另一特徵是能夠適應的環境比多細胞生物更多元。**多數多細胞生物難以居住的極端環境，譬如超高溫、超低溫、地下深處、深海等壓力極高的地方，都能找到單細胞生物的蹤跡，可見單細胞生物的環境適應力之強。

單細胞生物必須只靠一個細胞就完成從外界獲取營養、代謝物質、排泄老舊廢物、運動等作業，所以構造也非常複雜。舉例來說，由於屬於真核生物又是單細胞的原生生物很容易飼育，因此長年被用作研究細胞運動的實驗材料。但在詳細研究過衣藻與眼蟲的「鞭毛」，以及草履蟲的「纖毛」後，科學家發現它們的結構其實非常複雜。原本科學家以為鞭毛主要是靠微管蛋白和動力蛋白這2種主要蛋白質來運動。然而，這些原生動物的動作非常複雜，可以一邊旋轉一邊游泳，而且撞到障礙物時還會倒退移動。因此更加深入研究後，科學家才發現鞭毛所含的蛋白質其實不只這2種，而有高達300種以上的蛋白質在調節鞭毛的細微運動。

把單細胞生物細胞內的所有蛋白質加起來，光是主要的蛋白質就超過數千種。不如說，細胞高度分工的多細胞生物的蛋白質種類還比較少。

單細胞生物與多細胞生物的差異，不是誰比誰高等的問題，而是在於一個選擇了只靠一個細胞就能自由生活的型態，另一個選擇了跟其他細胞一起生活、分工合作的生活方式。

何謂寒武紀大爆發？

——動物發育機制的故事

從距今約5億4200萬年前至5億3000萬年前的**古生代寒武紀開始，地球上突然出現各種型態的動物**。這些動物包含珊瑚和貝類、節肢動物（肢體分節的動物：例如蝦和昆蟲）的祖先，以及脊椎動物（擁有脊骨的動物）的祖先，可以說現代主要動物的「體型呈現（body plan）」在此時期已幾乎完成。以寒武紀為界，各式各樣的動物開始快速出現，因此稱之為**寒武紀大爆發**。

在研究生物的演化時，通常只要比對一個化石跟另一個化石的年代，就能推測該生物是否由另一個生物演化而來，但寒武紀大爆發時期的生物卻無法這麼做。因為科學家沒有在當中找到疑似所有生物源頭的化石，而是在短時間內一次出現了各種不同的動物，所以無法進行上述的比較。貝類究竟為什麼會演化出甲殼？脊椎動物的祖先是如何演化出脊骨的？節肢動物又是怎樣長出節狀肢足？充滿了沒有解答的問題。

以下將介紹幾種在寒武紀大爆發時期出現的獨特動物。其中尤以**在加拿大英屬哥倫比亞省的伯吉斯頁岩發現的化石特別有名，另外在中國雲南省的澄江等地也有挖掘到狀態良好的化石**。

其中最有名的就是俗稱**奇蝦（*Anomalocaris*）**，類似大型三葉蟲的動物。由於這種動物擁有2隻類似蝦類的觸手，因此被命名為anomalo-（奇妙的）caris（蝦子）；而且最初其有如鳳梨切片的嘴巴被誤以為是別種動物，所以直到完整的化石出土前，有很長一段時間科學家都誤會了這種動物的外形。奇蝦疑為其生存時代最強的掠食者，在其周圍發現了許多被啃咬過的三葉蟲化石。

多鬚蟲（*Sanctacaris*：意為神聖的蝦子）是腳上有節的節肢動物的祖先，被認為與蜘蛛、蠍子、三棘鱟的血緣關係較接近。

皮卡蟲（*Pikaia*）則長得很像被認為是脊椎動物祖先的脊索動物文昌魚，皮卡蟲化石的發現顯示了在寒武紀大爆發時，脊索動物的原型已大致完成。因此，科學家仍不知道皮卡蟲是如何演化出背上的棒狀脊椎。

微瓦霞蟲（*Wiwaxia*）是一種身體為橢圓形，上半部覆有鱗片，背上長有數根尖刺的動物。因為它的身體下半部沒有鱗片，所以科學家推測它平常會把自己埋在海底，抵禦從上方來襲的奇蝦等掠食者。

歐巴賓海蠍（*Opabinia*）是種擁有5個眼睛，頭上有根類似吸塵器吸頭的管狀器官的奇妙動物。據說科學家第一次在學會公開這種動物時，因為它長得實在太古怪了，惹得台下大笑不止。這種動物的嘴巴並非長在長管的尾端，而是位於長管的根部，因此科學家推斷這個管狀器官的用途類似象鼻，是用來抓取獵物的。

怪誕蟲（*Hallucigenia*）這種動物，一如其學名「幻覺般的

圖6 ● 伯吉斯動物群的復原想像圖

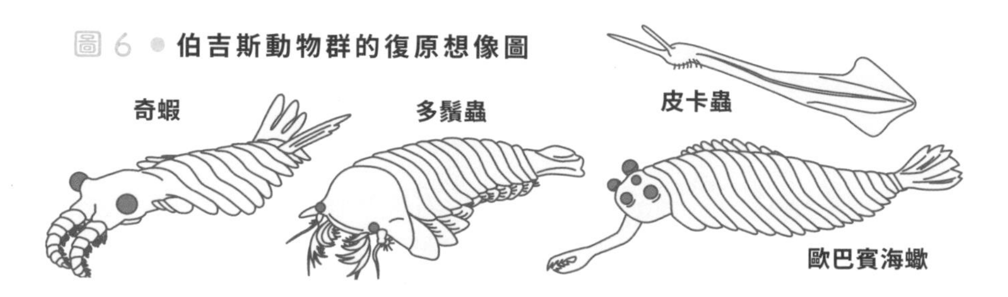

（likehallucination）」意思，是一種長得像在夢中出現的奇異動物。具體來說，它長得就像身上長有長刺的沙蠶，最初的復原圖是上下顛倒的。

齒謎蟲（*Odontogriphus*）擁有像草鞋般的橢圓扁平身軀。頭部下面長有細小的牙齒，由於形狀很類似現代軟體動物（貝類或烏賊、章魚的同類）的齒舌，故被認為是軟體動物的親戚。

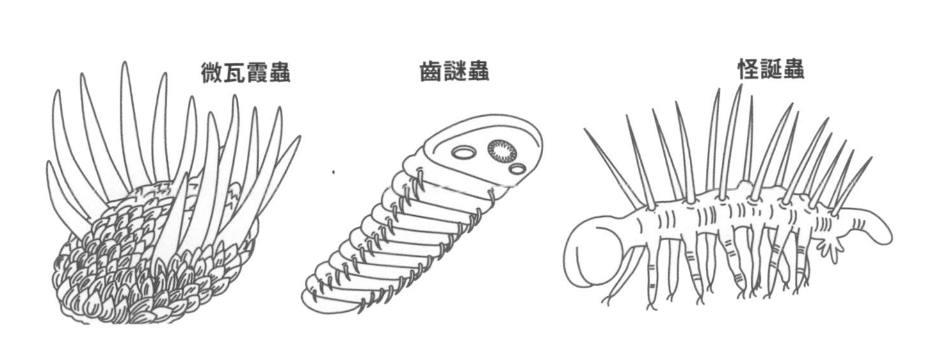

生物曾幾度經歷大滅絕危機

——古生代、中生代、新生代的交界

地球的歷史被區分為古生代、中生代、新生代等不同的地質時代，這些時代是如何區分的呢？其實這些時代的分界線跟生物的滅絕有關。

在中生代與新生代的交界，也就是中生代白堊紀末期，一顆小行星撞上了地球，使得該時期生活在地球上的恐龍幾乎全數滅絕的學說十分有名；但其實早在更久之前，地球就已經發生過**生物大滅絕（又稱生物集群滅絕）**了，各位知道嗎？

這場大滅絕發生在古生代與中生代的交接時期。**距今大約2億5000萬年前，古生代後期的二疊紀末期，有96%住在海裡的生物，即所有生物的90～95%都滅絕了。**三葉蟲就是在此時消失，許多種紡錘蟲（原生動物有孔蟲的親戚：明明是單細胞生物卻有石灰質的甲殼，大小約在數毫米到1公分。外形為紡錘狀的古生代典型化石）和腕足類（舌形貝和酸漿貝的親戚，又名*Brachiopoda*，為古生代的典型化石）、軟體動物（貝類）、環節動物（蚯蚓和沙蠶的親戚）、節肢動物（蜘蛛、蠍子、蝦、昆蟲的親戚）也都滅絕了。根據最近的研究顯示，這個時期地球變得非常炎熱，使得海平面急遽下降。

地球變熱的原因仍不清楚，但科學家推測這個時期的火山活動頻繁，陸地上發生大規模的森林大火，地球環境劇變，使得平均海面水溫達到40°C。由於此時期發生地球暖化，生物在20萬年間陸續消失，即使進入中生代後，物種數量也花了500萬年的時間才恢復到滅絕前的水準。在諸如此類的大滅絕中，有5次的規模特別大。科學界將它們並稱為**五次大滅絕**。每當大滅絕發生，該時代的生物就會急速減少，然後再出現新的生物。

現在地球的平均海面水溫只有18°C，但若大氣中的二氧化碳濃度持續上升，因為溫室效應導致全球暖化，未來將可能再次發生古生代末期的生物大滅絕。第六次大滅絕會不會出現，就看我們人類能否將全球暖化的影響控制在最小的程度。

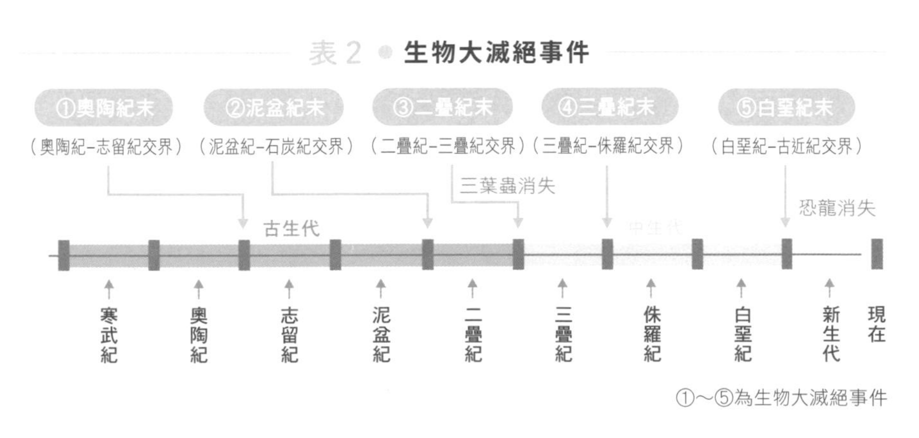

表2 ● 生物大滅絕事件

生物真的會進化嗎？

——以病毒和微生物的抗藥性為例

19世紀的英國自然科學家查爾斯・達爾文（Charles Robert Darwin）提倡的演化論，已被現代生物學界廣泛接受。他的理論簡單來說，就是主張**「所有生物是由共同的祖先，經過漫長時間在物競天擇下演化而來的」**。

這個物競天擇說建立在3個重要的論點上。也就是：①同種生物會發生不同的變異，導致身體特徵和行動模式變化成各種狀態（突變，英文為mutation）；②這種變異可由親代遺傳到子代；以及③在嚴酷的自然環境中，只有能適應該環境的物種會存活下來（物競天擇）。生物就是透過這種方式從一個物種演化成另一個物種，不斷持續此一循環，才衍生出全世界各式各樣的生物。

然而，由於演化論認為生物的演化需要花費極長的時間，因此要在一個人有限的生命中去證明這點十分困難。想要證明人類是從猴子演化而來，就必須從1300萬年前類人猿和人類的演化分歧點一直觀察到現代才行；這麼長的時間實在不是科學家所能追蹤的。

不過，有一個所有科學家都認同的演化案例，就是病毒和微生物的抗藥性。像是克流感這種抗病毒藥物無法殺死的流感病毒的出現，以及醫院內出現具有抗藥性的病原菌，連抗生素都沒有效的案例，現代人可說一點也不陌生。

藥物殺不死的病原菌，主要是用3種方法來抵抗藥物：①分解藥劑，或分泌可改變藥劑化學結構的酵素，將藥劑轉化成對自己無害的物質；②改變病原菌自身與藥劑結合部位的構造；以及③獲得可排出藥劑的幫浦。無論哪種情況，它們的基因都會發生突變，並可將這些特性傳給下一代。而且唯有這些適應環境的個體活了下來，完全符合物競天擇的條件。

上面所述的演化，由於形質上的變化很小，或者並未達到可產生全新物種的程度，因此被稱為「微演化」。

然而，現代科學依然還不能很好地解釋那些會形成全新物種，使沒有脊骨的動物（無脊椎動物）演化成有脊骨的動物（脊椎動物）的「巨演化」現象。譬如長頸鹿的脖子究竟是經歷怎樣的過程變長的，象鼻是如何愈變愈長的等等，還有很多無法解釋的例子。對於無法利用實驗重現的生物學來說，這個巨大的謎團或許永遠也得不到解答。

脊椎動物的演化

——最新基因組研究的發現

進入1990年代，基因分析技術有了飛躍性的進步，許多過去想都想不到的大規模研究成為了可能。那就是完整分析出特定物種身上的**基因組，也就是該種生物所有的遺傳訊息（說得更具體一點，就是完整的DNA鹼基序列）**。

2003年，由日本、美國、歐洲各國合力推動的「人類基因組計畫」完成，成功定序了人類身上約30億組DNA鹼基對的所有基因序列。目前科學家已完成基因組定序的物種，以微生物為中心，直到2012年已達到3000種以上，而且這個數字每年都在上升。有關脊椎動物的部分，從被視為脊椎動物祖先的文昌魚到魚類、兩棲類、爬蟲類、鳥類、哺乳類等分類群，許多物種的完整基因組序列都已分析完成。在得到這些資料後，科學家終於能夠比較和分析不同物種的基因組，從基因表現層面來研究脊椎動物的演化關係。

有關脊椎動物的演化，一般認為的演化路徑是脊索動物的文昌魚→無下顎的魚（七鰓鰻亞綱等無顎類）→有下顎的魚（鯊魚、鰩魚等軟骨魚類→鯛魚、扁口魚等硬骨魚類）→適應陸地環境的魚類（腔棘魚）→兩棲類（山椒魚、青蛙等）→爬蟲類→哺乳類。

首先，從基因組大小（總鹼基數）來看，基因組在演化的過程中並非逐漸增加；相較於人類基因組約有30億組鹼基對，脊椎動物中最少的河豚只有3億4000萬組（約人類的9分之1），但最多的非洲肺魚屬卻高達1300億組（約人類的40倍）。但另一方面，從基因數量來看，相較於人類約有20000個基因，河豚卻有38000個基因。換句話說，**基因組大小和基因數量與脊椎動物的演化應該沒有什麼關係**。

脊索動物的文昌魚被認為是脊椎動物的直接祖先，因此文昌魚的基因組分析結果也備受期待。根據文昌魚的基因組分析結果發現，人類和文昌魚有12個對造形十分重要的基因群排列很相似，顯示兩者的確是從共同的祖先演化而來。此外，文昌魚的這個基因群只有1組，但從魚類到人類所有已知的脊椎動物都有4組；因此科學家推測，生物從脊索動物演化至脊椎動物時，這個基因群增加了4倍。那麼，這個現象是否只發生在同源異形基因群上呢？並不是，比較人類和老鼠的基因組後，科學家發現了一個有趣的結果。人類和老鼠在4條染色體（第2、7、12、17條染色體）上，有好幾個基因排列順序相同的區域（同線性）。這顯示了**人類和老鼠的共同祖先的染色體本身增加了4倍。這個現象叫做基因組複製**。

根據這些發現，科學家認為**脊椎動物在演化初期發生了2次全基因組的複製現象，使相同的基因變成了4組**。這個學說名為**2R假說**，在使用超級電腦比較各種脊椎動物的基因組後，目前科學界認為這個假說應該是正確的。

不過，人類的基因約有20000個，與其他脊椎動物相比並不算多，科學家推測是因為在基因組變成4倍後，有些相同功能的基因已經消失了。

恐龍仍然活著？

——鳥類就是恐龍的遺孤

一般認為，恐龍在中生代白堊紀末期已經滅絕，但如果我說恐龍的後代至今依然存在於世上，大家會不會很驚訝呢？英國尼斯湖中的尼斯湖水怪，身為20世紀最大的謎團而為人所知；但我說的並不是尼斯湖水怪，而是隨處可見的鳥類。恐龍和鳥類因為在骨骼結構上十分相似，因此一直都有人主張兩者具有親緣關係，而**最近的研究更發現了許多證據，證明鳥類正是恐龍的直系子孫**。

科學家認為鳥類和恐龍有相似之處，是從在德國巴伐利亞州的索倫霍芬約1億5000萬年前的中生代侏羅紀地層中發現「始祖鳥」的化石開始。這個化石擁有鳥喙和牙齒，同時具有鳥類和恐龍的特徵，而且化石上有明顯的羽毛痕跡，起初被認定是鳥類的祖先。然而，始祖鳥身上卻沒有所有鳥類都有的鎖骨，因此有些人始終對始祖鳥是鳥類的祖先這點感到懷疑。

一直到了1973年，美國古生物學家約翰·奧斯特倫姆（John Ostrom）發現獸腳類恐龍中的馳龍屬擁有鎖骨；後來，中國又陸續挖出許多長有羽毛的恐龍化石，人們才終於確定鳥類是恐龍的直系後代。

以前的恐龍復原想像圖，常常把恐龍的外皮畫成像大象一樣的灰色或褐色；但最近的復原想像圖中，色彩鮮豔的恐龍大幅增加。

很多人可能會以為恐龍只有化石，不可能得知牠們生前是什麼顏色，但把恐龍塗成五顏六色其實是有根據的。2010年，美國的研究團隊用電子顯微鏡仔細觀察羽毛恐龍之一的近鳥龍化石的羽毛痕跡後，發現含有黑色素的細胞胞器（黑色素體），在身體不同部位的形狀竟然不一樣。換句話說，檢測到球狀的黑褐色素的頭部羽毛應該是紅色，而檢測到棒狀的真黑色素的後腳羽毛應該是黑色。

而且如果鳥類真的是恐龍的直系後代，那麼恐龍應該也看得見顏色。過去經常把恐龍當成鱷魚的親戚，所以在復原時往往使用不起眼的顏色；但鳥類擁有可以分辨顏色的視覺細胞，所以恐龍應該也能分辨顏色，因此科學家推論雄性恐龍為了吸引雌性恐龍，可能會演化出鮮豔的顏色。

人類是在哪裡誕生的？

——在非洲發現的人類化石

在生物漫長的演化史中，最讓人感興趣的大概就是人類的起源吧。即使知道人類是從猴子演化而來，即使知道這世上有很多不同的人種，但相信許多人還是很想知道人類究竟是如何來到這世界，又是經由什麼樣的途徑擴散到世界各地，發展出各式各樣的人種和民族的吧。

直到現在，生物學、人類學、考古學等各個學界的學者，仍在努力解開人類歷史的謎團。本節將為大家介紹一下目前最新的研究成果。

首先，關於人類和猴子的關係，**根據基因組分析，人類和黑猩猩只有1.23%的差異，基因數量都是20000個左右，可知兩者在基因組上非常相似**。科學家認為人類和黑猩猩應該是在距今約700～800萬年前由同一祖先分化而來，而只有人類演化出用雙足行走、用火加熱食物、使用語言的能力。

根據化石證據，科學家推測人類的祖先原本生活在非洲，而在**分析過全球各個人種的粒線體DNA（參照1－3）後，目前已經確定非洲就是人類最早的誕生之地**。由於基因會隨著時間經過而產生愈來愈多突變，因此只要比較住在同一地區的人，即可推測出基因變異最大的地區就是人類最早出現的地區。而實際調查後，科學家發現住在非洲的人類產生最多基因變異。

之所以這麼認為，是因為在非洲同樣都是黑色人種，但除了膚色較深和都住在非洲這些共通點外，在生物學上的血緣關係卻十分遙遠。

利用上述的分子系統分析基因後，科學家推測**目前世上所有的人類在距今約14萬年前應該有一個共同的祖先，而且日本人和歐洲人在距今約7萬年前擁有共同的祖先**。

以前的教科書曾告訴我們，人類是從猿人（南方古猿等）→原人（北京原人等）→舊人（尼安德塔人等）→新人（克羅馬儂人等）一路演化而來；但分析從化石骨頭中抽取出的粒線體DNA後，科學家發現事實可能並非如此。

特別是尼安德塔人和克羅馬儂人的關係，由於考古學家在以色列約5萬5000年前同一時期的地層中找到了兩者的化石，可知兩者其

圖7 ● 人類的演化

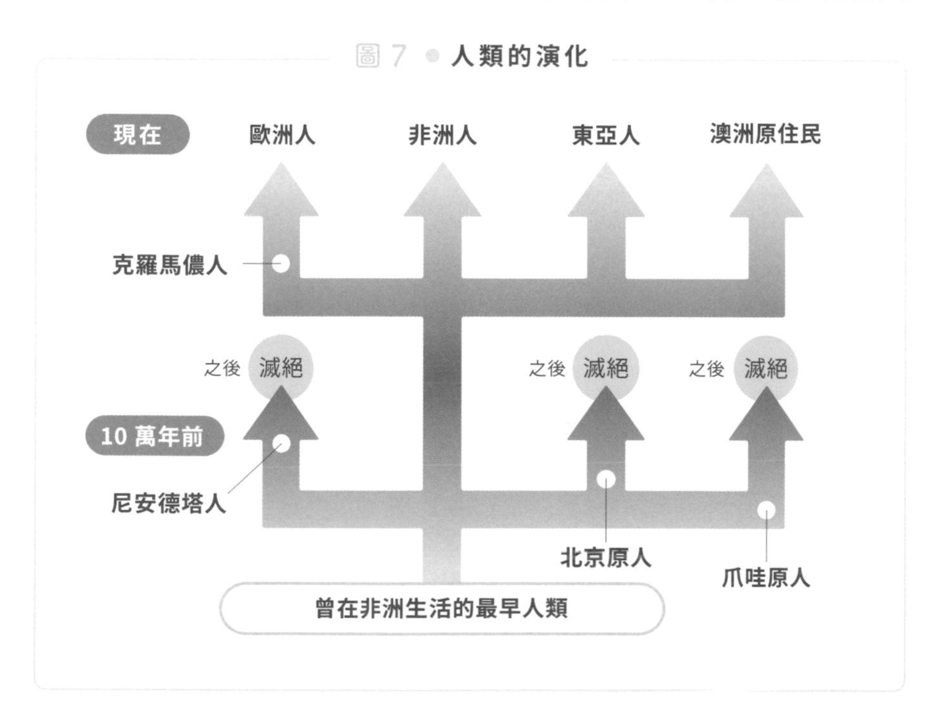

實曾經生活在同一年代與地區。另一方面，根據粒線體DNA的分析顯示，兩者是在距今約60萬年前由同一祖先分化而成，**因此尼安德塔人並沒有演化成現代人類的祖先，而是與現代人類完全不同種類的生物。**

第2章

從細胞的構造到個體的形成

所有的生物都是由細胞構成

——細胞的構造與功能

我們的身體是由眾多細胞組成的。現代人已經知道生物體是由許許多多的細胞組合而成，但細胞發現的歷史，其實並沒有我們想像得那麼遙遠。因此，對於我們的身體是由眾多細胞組成的這件事情，多數人應該仍沒有什麼實感。

譬如，血液中的紅血球和白血球都屬於獨立的單一細胞，如果它們是肉眼可見的大小，以前的人肯定早就知道細胞的存在了。然而很可惜的是，紅血球的直徑大約只有7～8微米，厚度只有2微米（1微米等於1000分之1毫米）。而我們的肉眼所能辨識的最小尺寸是0.1毫米（大約是100微米），所以儘管這些細胞都是我們身體的一部分，但人類在漫長的歷史中卻一直沒有發現它們。

第一個觀察到細胞的人，是17世紀的英國科學家羅伯特・虎克（Robert Hooke）。他在使用顯微鏡觀察軟木塞的切片時，發現了許多像房間一樣的小格子，因此將之取名為細胞（cell），這是1665年發生的事情。當時的日本正從混亂的戰國時代進入江戶時代，社會才剛穩定下來，由此可知從人類的歷史長河來看，細胞的發現並非是很久遠以前的事。

虎克當時發現的，其實並不是細胞本身，而是細胞死去之後留下來的細胞壁；直到後來，科學家才又發現活生生的植物和動物也都具有細胞，這才確定了**「所有的生物都是由細胞這個最小單位組成的」**。

圖1 ● 細胞和分子的大小

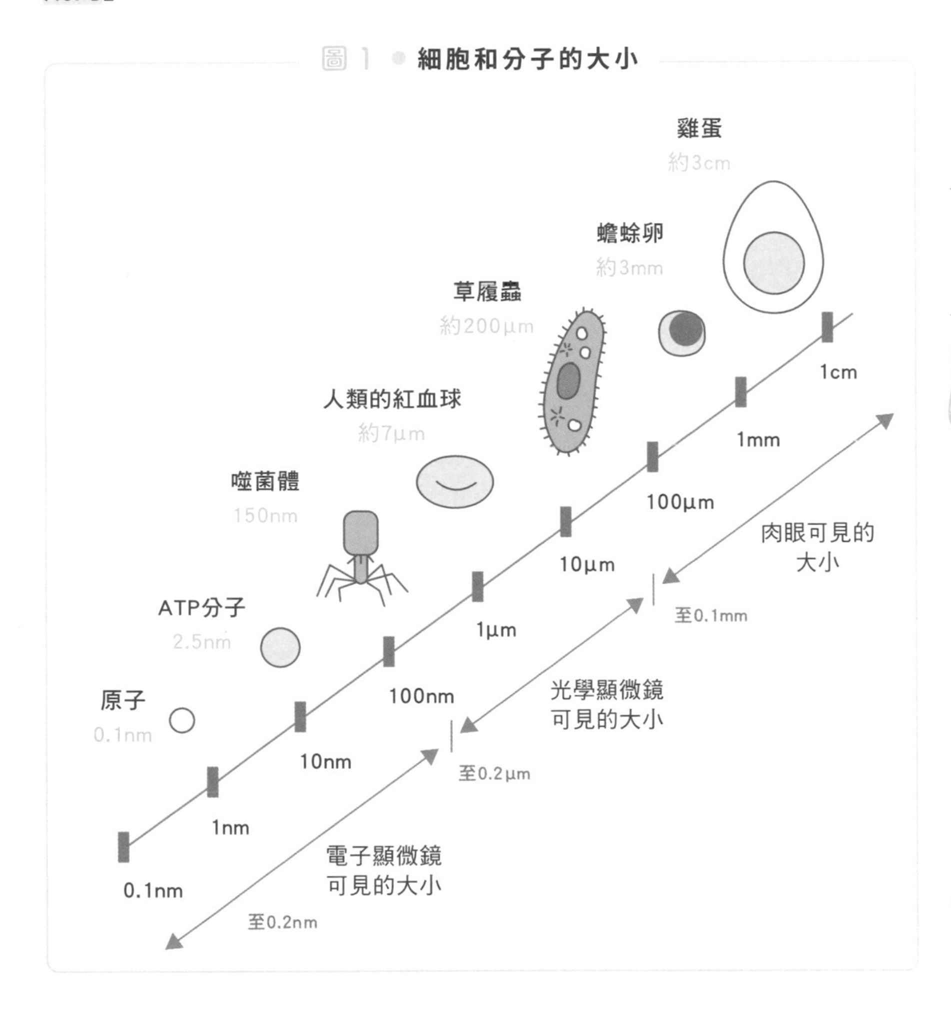

細胞有2種

——原核細胞與真核細胞的不同

那麼對生物而言，細胞究竟是什麼呢？細胞的表面包覆著一層可以分隔內部和外界的保護層，也就是細胞膜，因此能夠隔絕外界的狀態，使內部的環境保持穩定。要回答「生物究竟是什麼？」或「生物與非生物的差別是什麼？」等問題很困難，但由於**所有生物都是以「細胞」為基本單位組成**，因此也有人以此來定義生物。

細胞可以粗略分為原核細胞和真核細胞。這點我們在第1章「從生命誕生到人類出現」中也有提及，這裡我們再更詳細地介紹一下。

地球上最早出現的生物，一般認為應該是擁有原核細胞的原核生物。原核生物包含真細菌和古細菌，兩者的特徵是細胞內的結構都沒有明確的細胞核或粒線體等胞器。

關於原核細胞的大小，典型的細菌只有0.5～1微米（1微米等於1000分之1毫米）左右。另一方面，真核細胞則是目前存在世上的所有動物、植物、真菌的細胞。這些生物的細胞，最大的特徵就是擁有胞器。其大小也遠比原核細胞更大，可以達到5～100微米左右。

圖 2 ● **原核細胞（細菌的細胞）和真核細胞（動物細胞和植物細胞）**

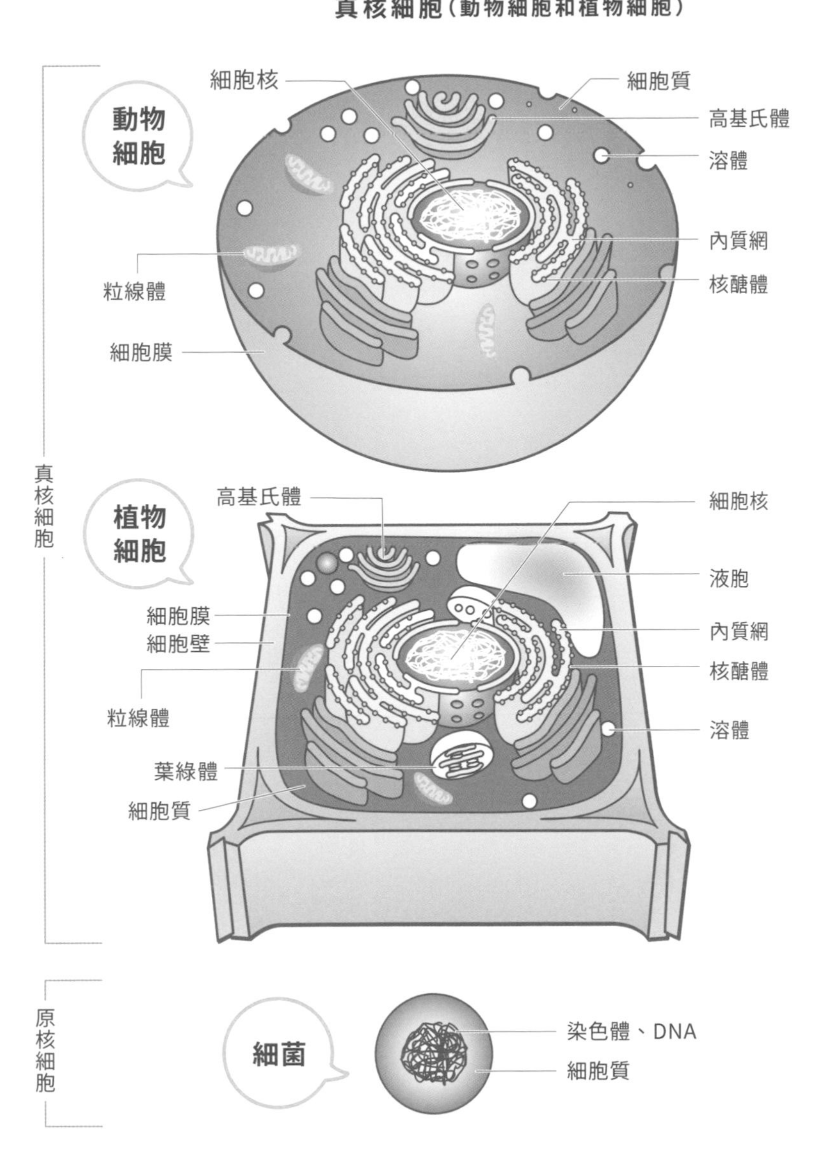

保管細胞設計圖的圖書館

——細胞核的故事

細胞要生存，就需要維持生命所需的各種蛋白質。而基因和DNA就相當於細胞製造蛋白質所需要的設計圖。如果基因損壞的話，細胞就無法生存，因此DNA必須要保存在安全的場所。若是將其比喻成圖書館的話就很容易理解了。**而細胞的圖書館，就是名為「細胞核」的胞器。**細胞核是一個由2片核膜（外膜和內膜）包覆成的球體。細胞核內有DNA，通常基因不會跑到細胞核外。

把細胞核想成圖書館，那麼DNA就是圖書館內最重要、不可外借的藏書，相信這樣就很好理解了。另一方面，設計圖的副本則是隨時可以從圖書館借出。在細胞內，這個設計圖的副本就是mRNA（傳令RNA或信使RNA的簡稱）。細胞核內名為「核仁」的部分，會不斷從DNA合成mRNA。然後mRNA會離開細胞核，跟名為核醣體的結構結合，合成相當於產品的蛋白質。

在細胞核內，DNA又是以何種狀態保存的呢？由於DNA是種很長的鍊狀分子，如果只有DNA的話就會互相糾纏成一團。因此細胞核內的核酸DNA會跟一種名叫組蛋白的鹼性蛋白質結合，中和電性，**組成一種名叫核小體的穩定結構。**

核小體的外觀看起來就像纏著2圈棉線的溜溜球。當基因要工作時，屬於基因部分的DNA便會從組蛋白脫離露出，然後跟轉錄因子或RNA合成酵素結合，進行將DNA轉錄成RNA的過程。

圖 3 ● **核小體**（組蛋白的周圍纏著 2 圈 DNA 的結構）

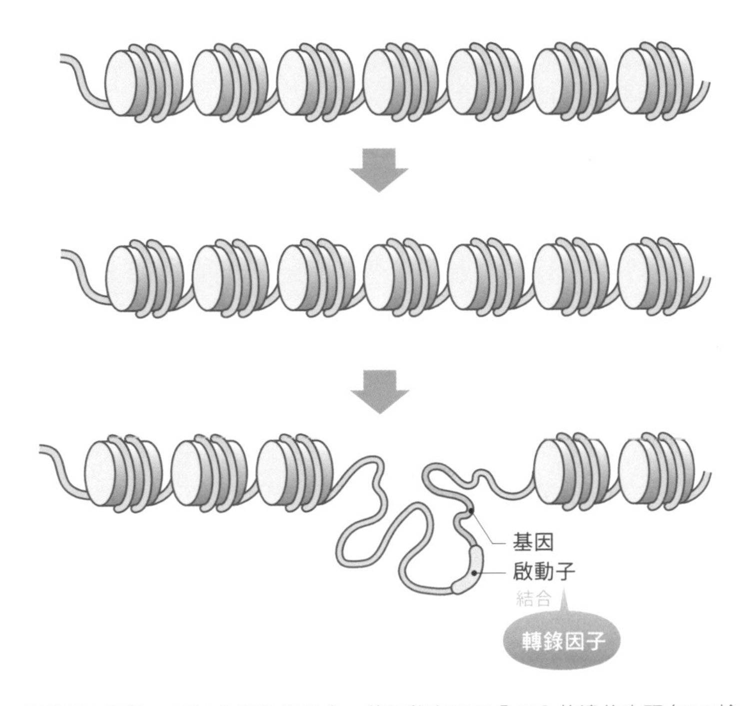

基因要工作時，DNA會脫離組蛋白，使記錄在DNA分子內的遺傳密碼（DNA鹼基序列）可被讀取。
轉錄因子會跟啟動子結合，促進轉錄。

細胞內的發電廠

——粒線體的故事

生物要維持生命活動就需要消耗能量。細胞可以分解碳水化合物和脂肪等養分以取得能量，再透過消耗能量來代謝物質或是進行運動。而細胞當中負責產生能量、相當於發電廠的胞器，就是粒線體（mitochondria：mito代表線的意思，而chondria則是顆粒的意思）。

在細胞內，葡萄糖會在名為細胞質基質的液體部分被分解，轉變成一種叫做丙酮酸的物質。然後**粒線體會積極吸收丙酮酸，將其氧化，最終分解成二氧化碳和水，再利用這個過程產生的能量，合成三磷酸腺苷**（ATP，參照3－7）。接著ATP會被輸送到需要能量的地方，釋放所需的能量，藉以維持各種生活活動。

教科書上所畫的粒線體，形狀通常像一條香腸，但實際上粒線體有線狀，也有分叉的網眼狀，具有很多不同的形狀。把粒線體切開後，可以觀察到外膜和內膜2層膜片。內膜會在粒線體的內側摺疊，形成非常獨特的結構，表面積也遠比外膜更大。

內膜上有一排合成ATP的酵素，可以高效地合成ATP。

在體育選手中，有的人擅長短跑，有的人擅長長跑。科學家研究了擅長短跑者的肌肉，發現他們的快肌（可快速收縮，但很快就會疲勞的肌肉）較多，而擅長長跑者的慢肌（收縮較慢，但持久力強的肌肉）則較多。目前已知慢肌的粒線體比快肌更多，可比快肌更有效率地產生ATP來獲得能量。

科學家認為粒線體原本是一種獨立的細菌，後來才與細胞形成共生關係，而證據就是粒線體內部存在粒線體獨自的DNA。粒線體DNA可用來調查物種間的親緣關係。

圖4 ● 粒線體的示意圖

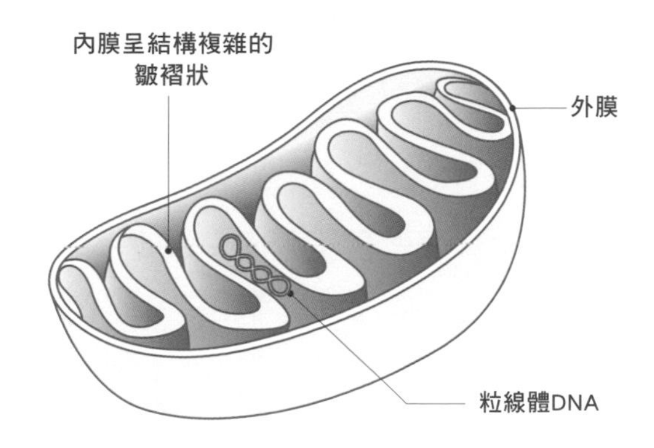

細胞內的物質通道（內質網與高基氏體）

——蛋白質的修飾（化妝）

真核細胞的內部並非均勻一致，存在著用來運送各種物質的通道。其中，**內質網和高基氏體這2種胞器，不只能有效地輸送蛋白質，還可以在蛋白質通過時為未成熟的蛋白質磷酸化或添加聚醣，進行各種修飾（就像化妝一樣），使蛋白質可以在生物的體內和體外運作，扮演了很重要的角色。**

在與核醣體結合的粗糙內質網上，由DNA轉錄而來的mRNA會被用來合成蛋白質（轉譯）。剛合成好的蛋白質會通過內質網膜進入內質網內部。蛋白質進入後，內質網會分裂成小胞，朝高基氏體移動。在這個過程中，蛋白質的長鏈會與分子伴侶（幫助蛋白質形成立體結構的蛋白質）結合並摺疊，形成正常的立體結構。在此如果摺疊失敗的話，蛋白質就會被分子伴侶逐出內質網，然後被名為蛋白酶體的蛋白質分解裝置分解掉。

而順利摺疊並形成正常立體結構的蛋白質，接著會在高基氏體內與名為聚醣的結構結合，變成成熟的蛋白質。然後成熟的蛋白質會從細胞內移動到細胞外，變成細胞膜表面的膜蛋白質或是分泌蛋白質。

圖 5 ● 蛋白質的通道

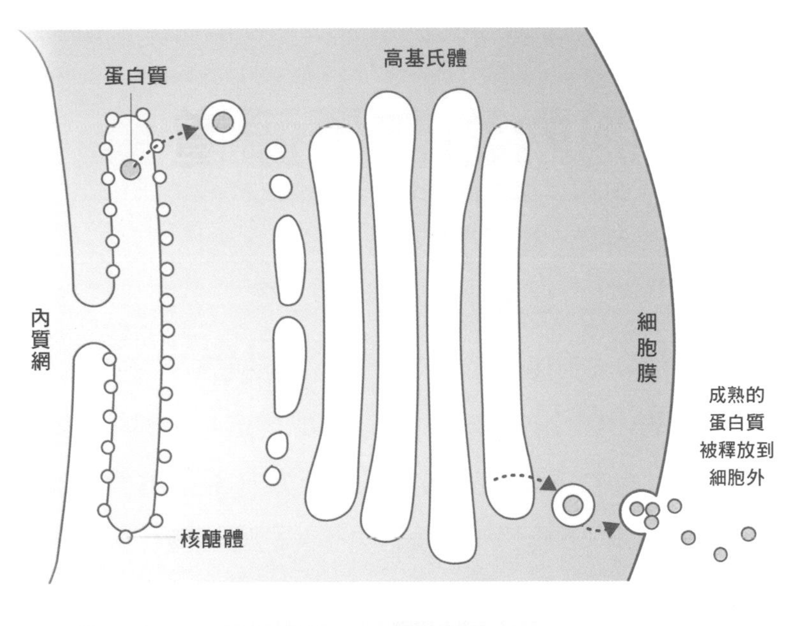

高基氏體
蛋白質
內質網
核醣體
細胞膜
成熟的
蛋白質
被釋放到
細胞外

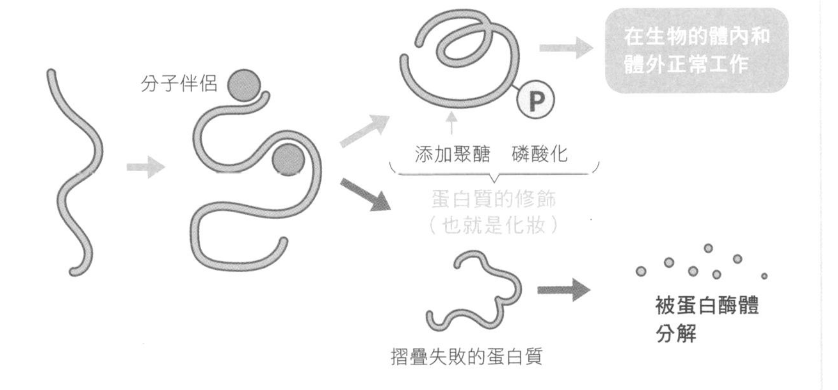

剛在核醣體內
合成好的蛋白質
分子伴侶幫助
蛋白質摺疊
被摺疊成正常立體
結構的蛋白質
分子伴侶
P
在生物的體內和
體外正常工作
添加聚醣 磷酸化
蛋白質的修飾
（也就是化妝）
被蛋白酶體
分解
摺疊失敗的蛋白質

細胞內也有骨頭？

——細胞骨架的功用

多虧了骨骼的支撐，我們的身體才能抵抗重力；但各位知道細胞內也有負責支撐細胞結構，類似骨骼的構造嗎？那就是細胞骨架（cytoskeleton）。我們在搭帳篷的時候，都要用骨架來撐開帆布對吧？如果把細胞膜想成帳篷的帆布，那麼細胞骨架就是支撐帳篷的骨架。

細胞骨架主要是由3種纖維（filament）組成。依照這些纖維的粗細差異，可以分為細纖維、粗纖維，以及中等纖維。這些纖維或可集結成束，或形成複雜的網狀，變成堅固的結構，從細胞內部支撐細胞。

其中，細纖維名為肌動蛋白纖維，是由顆粒狀的肌動蛋白分子組合而成，為直徑5～9nm（奈米：1nm等於100萬分之1公尺）的纖維。肌動蛋白纖維與肌肉收縮、原生質流動、細胞分裂時的細胞質分裂有關。而直徑25nm的粗纖維則名為微管，是由顆粒狀的微管蛋白分子組成的中空管。微管與鞭毛和纖毛的運動有關，也跟細胞分裂時染色體的移動和胞器的移動有關。至於粗細介於肌動蛋白纖維和微管之間，直徑10nm的中等纖維則有維持細胞形狀和細胞核形狀的功用。

這些細胞骨架除了支撐細胞外，還負責細胞運動、細胞分裂、細胞內的物質輸送等重要功用。

動物的細胞可以從動物的體內取出，放在培養皿中培養，將取出的細胞放在顯微鏡下觀察，便能觀察到細胞在培養皿中移動的模樣。若以細胞移動的方向為前方，可發現細胞前面的部分長有名為偽足、如扁平水餃皮般的突出結構。當細胞移動時，形狀會變成三角形，用偽足的前端抓住培養皿來固定身體。接著，再把細胞後半部的物質往前移動。最後，收縮細胞的後半部並往前拉。藉由重複此一過程，細胞便可往特定的方向移動。

那麼細胞在移動時，細胞內的細胞骨架又是什麼狀態呢？在向前伸出的偽足前端，顆粒狀的肌動蛋白分子會朝單一方向重疊成纖維狀，並將微絲不斷伸向前方。另一方面，在細胞的後側，肌動蛋

圖 6 ● 移動中的培養細胞內肌動蛋白纖維的狀態

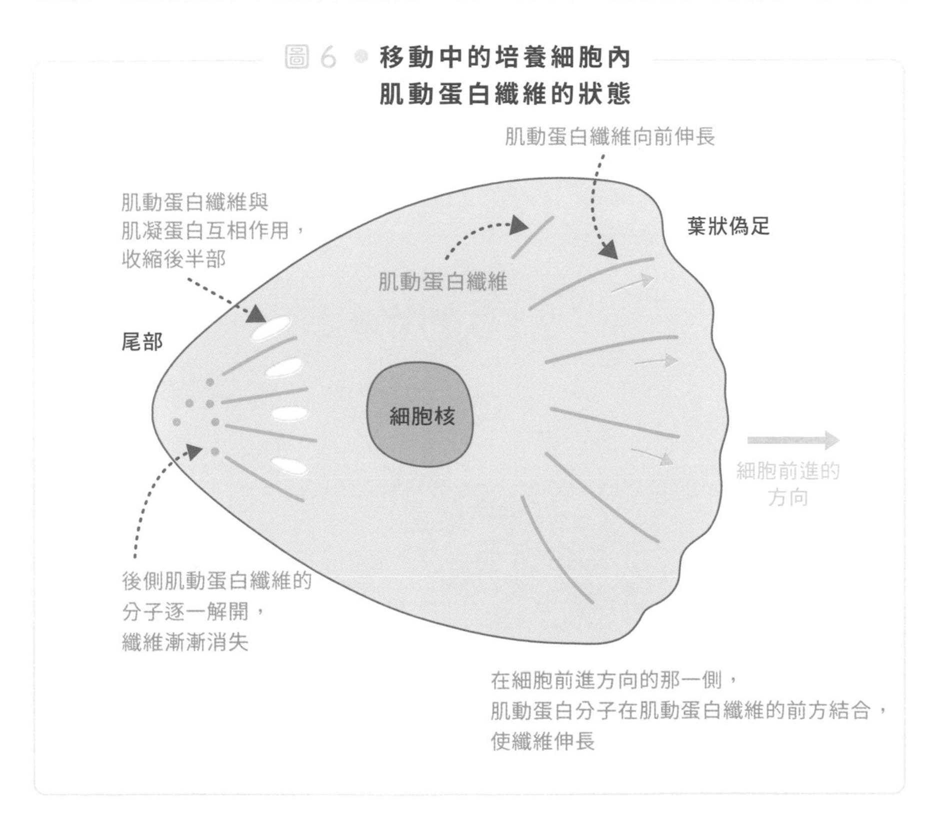

白會與肌凝蛋白互相作用，一如肌肉運動（參照7－1）般，收縮細胞的後半部。

細胞是如何分裂成2個一模一樣的細胞？

——細胞分裂的故事

我們在1－2解說過，生物最重要的一大特徵，就是擁有可複製出相同個體的系統。這個系統的基礎就是細胞分裂。

細胞藉由細胞分裂從1個細胞變成2個細胞，這個過程是以非常嚴格的方式進行的。細胞分裂又分成細胞核內的染色體一分為二的細胞核分裂，以及細胞質一分為二的細胞質分裂。

首先，在細胞開始分裂前的準備期，細胞會將細胞核內所有的DNA都複製成2倍。**細胞分裂的過程，可依照細胞核和染色體的形狀變化，分成前期、中期、後期、末期。**

細胞開始分裂時，首先包覆細胞核的核膜會消失，並出現打包DNA的染色體（前期）。然後在細胞分裂的中期，染色體會在細胞中心的赤道板上排列，並在後期時均等地分成2個細胞。然後在細胞分裂的末期，染色體會消失，核膜重新出現，最後包住細胞質變成2個細胞。

如果將細胞骨架（參照2－6）加以染色來觀察這個過程，可以非常明顯地看出微管的功用。在細胞尚未開始分裂時，肌動蛋白纖維與微管分布於整個細胞；但當染色體開始移動後，微管會形成紡錘絲，肌動蛋白纖維會和微管分布在完全不同的位置。這時微管會在染色體的中央部分進行特異的結合，當染色體均等地一分為二後，便會朝細胞的兩側被拉開，積極地分配DNA。

圖7 ● 體細胞分裂的示意圖

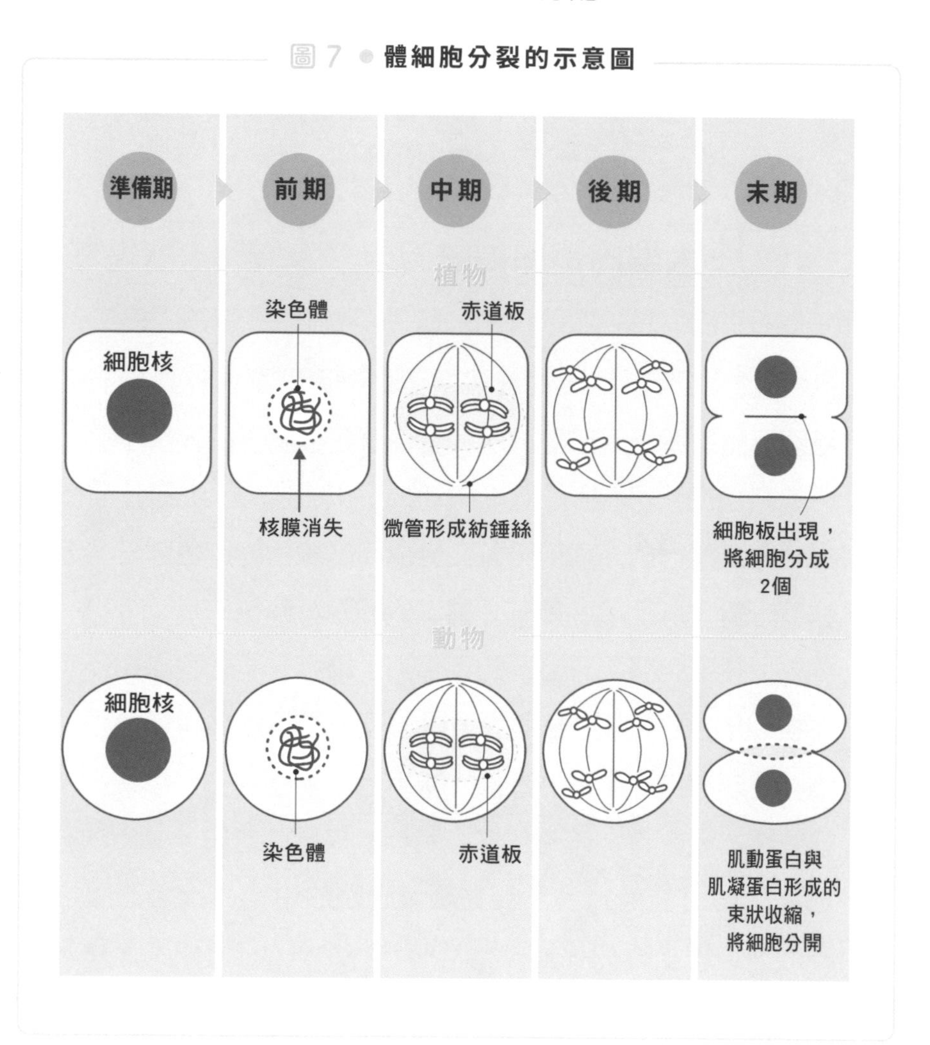

近年揭開面紗的染色體結構

——大型同步輻射設施Spring8的研究成果

細胞分裂的時候，細胞核內的DNA會被打包成俗稱染色體的構造，然後均等地分配到2個細胞上。

如果把人類的DNA拉成一直線，全長可達2公尺，而這些DNA全都會被壓縮收進46條染色體中。一條染色體的長度只有幾微米而已，很難想像DNA要如何收進去。那麼實際上，DNA究竟是如何收進染色體內的呢？

1970年代提倡的模型認為，核小體會聚集形成染色質絲，然後染色質絲再聚集成染色體。然而2012年時，日本國立遺傳學研究所的前島一博領導的研究團隊，**使用大型同步輻射設施Spring8的強力X光，詳細調查過染色體的結構後，並未發現直徑約30nm的染色質絲**。換句話說，並不是核小體聚集成染色質絲，而是細胞直接把DNA粗暴地塞進染色體中。

圖 8 ● 染色體的結構示意圖

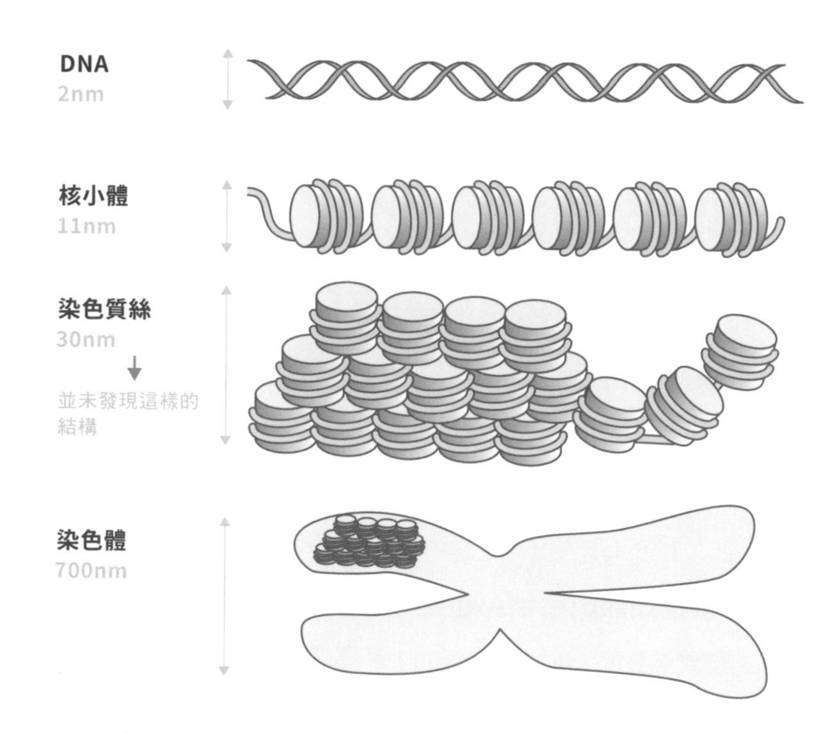

1970年代提倡的模型認為，染色體內應該存在直徑30nm的構造，但最新研究卻沒有找到這樣的結構。

細胞聚在一起就成為組織

——動物和植物組織的不同

單細胞生物是可以一個細胞為獨立個體生存的生物，而人類則是由許多細胞聚集而成的多細胞生物，每個細胞都有不同的職責，分工合作。

由某種細胞集合構成的細胞群稱為**組織**，而組織結合在一起形成一個具有特定功能的結構，並與其他結構明顯有所區別時，就叫做**器官**。譬如以血管為例，平滑肌細胞聚集組成肌肉組織，然後肌肉組織再組成血管（器官）。

在動物界和植物界當中，組織的分類方式有很大的差異。動物的組織可大致分為4種：上皮組織、結締組織、肌肉組織及神經組織。其中，上皮組織就是如皮膚、消化道的內壁等覆蓋器官表面的組織，細胞排列得很緊密。而結締組織則具有分泌物質，將相同組織連結在一起的作用。包含表皮下由成纖維細胞集合而成的真皮組織、細胞會分泌硫酸軟骨素的軟骨，以及由鈣質沉澱而成的骨骼皆屬於此類。

而肌肉組織則是由肌肉細胞集合而成的組織，包含骨骼肌、心肌、存在於心臟和血管的平滑肌等。肌肉組織全都與運動有關。最後是神經組織，這種組織通常由神經細胞和供應神經細胞養分的神經膠質細胞構成。神經細胞之間可藉由名為突觸的構造相連，結合成可快速傳遞資訊的神經網絡。

由於動物組織可用顯微鏡仔細觀察到細胞的型態，因此發展出名為組織學的獨立領域。直到現代，這門學問仍在癌症病理檢測等領域大放異彩。在懷疑病人罹患癌症時，醫生會從病患的體內採取活體組織切片（用細針筒刺進身體，採取體內細胞的方法）或手術病理檢體，放在顯微鏡下觀察。觀察方式是用蘇木精和伊紅這2種染色劑為切片染色，然後放在顯微鏡下觀察組織內的細胞形狀，看看有沒有癌細胞。

如表1所示，**植物組織的分類方式與動物組織大異其趣**。在植物界裡，擁有明顯組織結構的只有陸生植物中的維管束植物（被子

圖9 ● 動物的組織和植物的組織

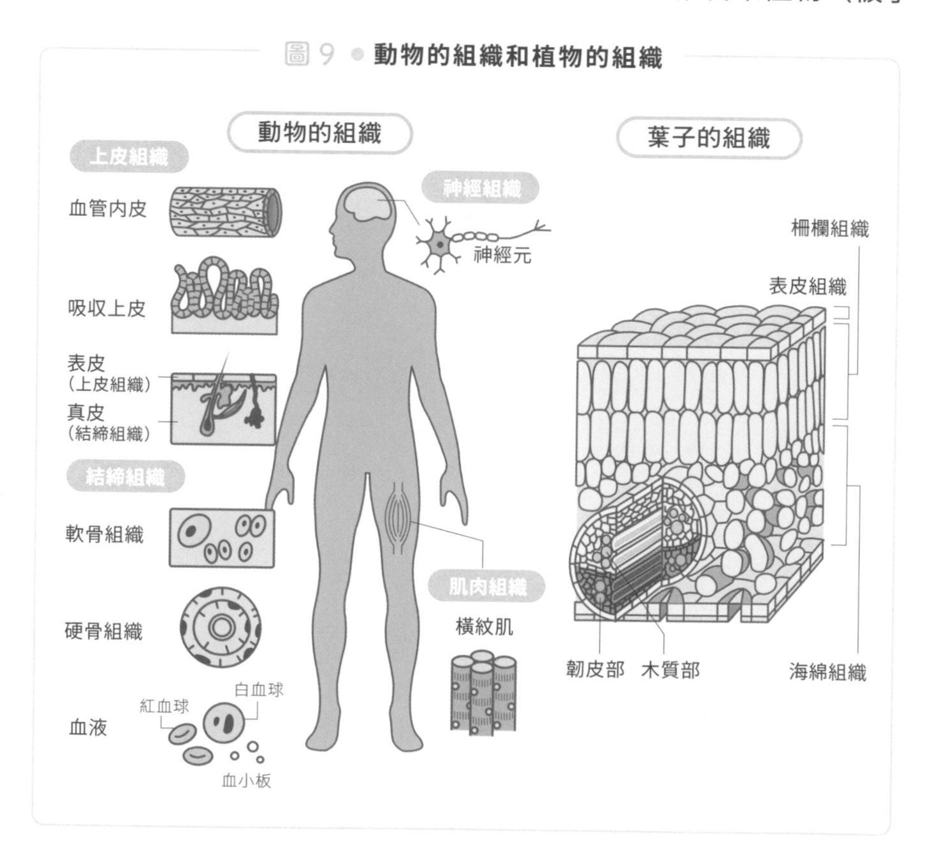

植物和蕨類植物）等高等植物，其他像海藻與蘚苔等並沒有明顯的組織。

維管束植物的組織可依照是否會進行細胞分裂，分為分生組織和永久組織2種。跟動物不一樣，植物會進行細胞分裂的部分就只有根和莖的前端等一小部分。永久組織還可再細分為表皮組織、輸導組織、機械組織、薄壁組織等。表皮組織是位於植物表面的組織，在葉和根等處並不存在。輸導組織是構成將水分從根部輸往葉子的導管、把葉子產生的養分輸往根部的韌皮部等組織。而機械組織則包含在莖部內支撐植物體的纖維組織等。最後的薄壁組織是細胞壁未木質化的組織。

表1 ● **動物和植物的細胞、組織、器官對應表**

	動物	例	植物	例
細胞	○	上皮細胞、骨骼肌細胞、神經細胞	○	表皮細胞、保衛細胞、導管細胞
組織	○	上皮組織、結締組織、肌肉組織、神經組織	○	分生組織、永久組織、表皮組織、輸導組織、機械組織、薄壁組織
組織系統	×	無	○	表皮系統、基本組織系統、維管束系統
器官	○	血管、心臟、腎臟、肝臟、肺臟	○	根、莖、葉、花
器官系統	○	循環系統、泌尿系統、呼吸系統	×	無

動物沒有組織系統，植物沒有器官系統。

以上，比較過動物組織和植物組織後，相信大家應該都能看出動植物組織的分類方法不同。而且**動物沒有組織系統，植物沒有器官系統**。

2-10 從器官到器官系統

——為什麼植物沒有器官系統？

我們在2－9說明過植物沒有器官系統，那麼器官系統指的又是什麼呢？動物的體內存在由各種組織集合而成的器官，而器官基本上就是臟器的意思。

舉例來說，消化器官包含食道、胃、小腸和大腸等臟器，而這些器官加起來就是消化系統。又如心臟連接血管，具有可將血液輸送至全身的功能，兩者合起來就叫做循環系統。像這種功能相近或一系列相連的器官，綜合起來就叫做器官系統。動物的身體是由細胞到組織、組織到器官、器官再到器官系統，一層一層建構起來，最後構成完整的個體。

那麼，為什麼植物沒有器官系統呢？這是因為植物與動物的求生策略非常不同。植物沒有用來消化食物的消化系統，沒有將血液輸送至全身的循環系統，沒有排泄老舊廢物的泌尿系統，也沒有將外界刺激傳遞至大腦，以及將大腦的命令送至全身的神經系統。相反地，植物擁有能利用光合作用合成養分的葉子、將養分送往根部並將水分從根部送往葉子的莖部導管（維管束），以及吸收水分和養分的根部等。

根、莖、葉等就是植物的器官。但莖、葉並未協同組成一個更上層的結構。除此之外，花和種子也屬於器官。因此在植物界，只要多個器官組合起來即可成為個體。所以，植物跟動物不一樣，只有組織系統而沒有器官系統。

心臟為什麼在左邊？

——左撇子基因的作用

我們的身體從外面看來幾乎是左右對稱，但是從內臟的分布來看，卻不是左右對稱。大多數人的心臟都在身體偏左的位置，而肝臟則在右側。另外，小腸是左右蜿蜒曲折的，大腸則是沿著腹腔繞一圈。

那麼心臟為什麼在左邊呢？解開這個疑問的契機，源自於科學家發現在具有支氣管擴張症、鼻竇炎、不孕症的男性身上，經常可以看到內臟左右顛倒的**內臟逆位**現象。目前已知這些疾病是源自於鞭毛和纖毛中的動力蛋白這種蛋白質發生異常，使得喉嚨和鼻腔內部黏膜的纖毛停止運動，或是精子的鞭毛停止運動所致。這個疾病後來依其發現者的名字被取名為**卡塔格氏症候群（Kartagener Syndrome）**。

科學家從生長在細胞表面的鞭毛和纖毛停止運動此一現象得到靈感，使用老鼠進行了實驗，終於解開導致內臟逆位的機制。在老鼠胚胎發育的初期，通常可在名為原結的部位觀察到纖毛活躍活動所產生的水流，但是在動力蛋白異常的個體中，卻沒有出現這樣的水流。

這個水流影響了動物內臟的左右不對稱性，若此水流存在，則只有身體左側代表左邊的**左撇子（Lefty）**基因會啟動，使內臟形成左右不對稱。但是當纖毛停止運動，沒有出現水流的時候，身體的左右就會變成隨機決定，因此有一半的個體便會出現內臟逆位的現象。

圖10 ● 纖毛產生水流的示意圖

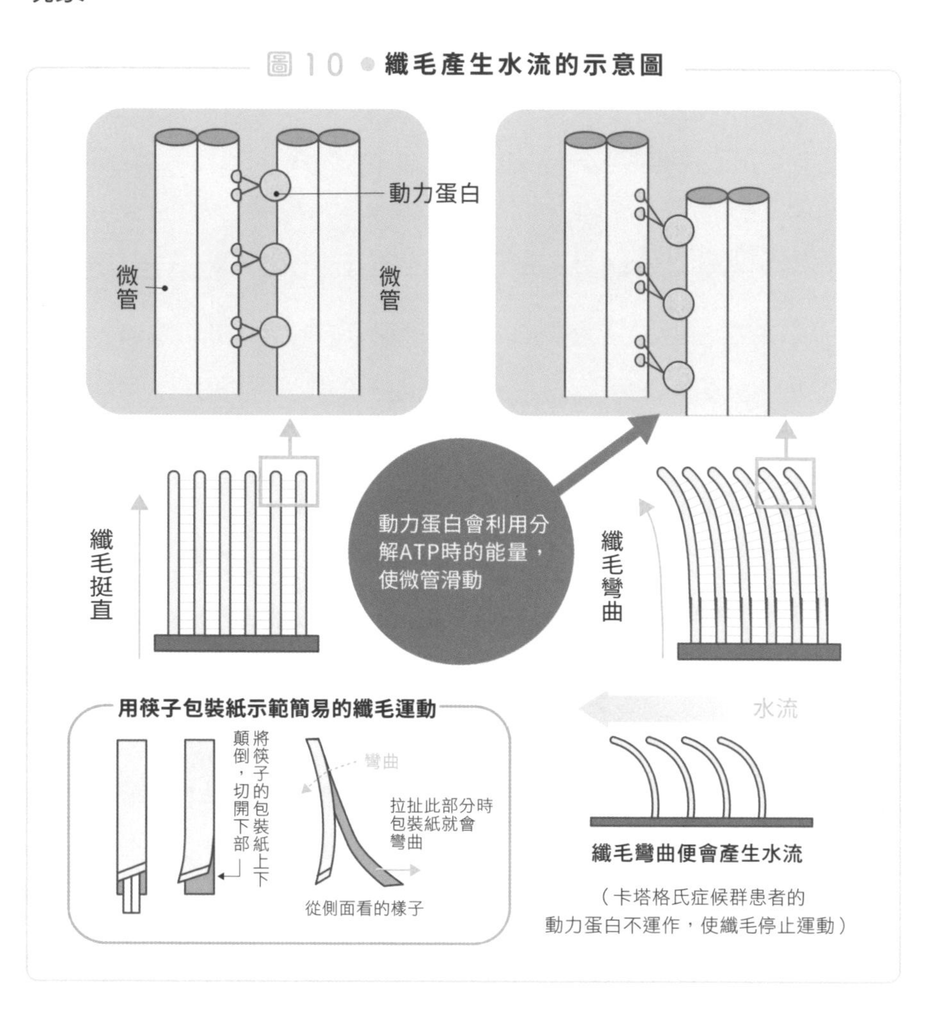

生物之窗

動物學vs植物學，素描習慣的差異

我在學生時代，曾經歷過一個難忘的回憶。在大學一年級的實習課，老師出了一個課題，要我們用顯微鏡觀察植物的組織，然後用鉛筆素描畫下來。出這項課題的老師是植物學的教授，而負責監督各學生的老師卻是動物學的教授。

畫動物學的素描時，通常會使用俗稱點描畫的技法，以許多小點畫出立體感。然而在植物學界，這種小點卻是代表物體的表面有很多小孔。結果負責這門實習課的植物學教授就警告我們，「畫素描時不可以使用點描法。所有畫點的部分我一律視為表面有孔」。

然後在畫植物素描的時候，動物學的教授恰好走到我旁邊，告訴我：「這位同學，你不知道怎麼表現立體感對吧？可以畫點來表示喔。」但因為植物學的教授已經事先警告過我們，所以起初我無視於動物學教授的忠告。然而後來又被提醒了很多次，在無可奈何之下，我只好在植物的素描上用黑點加上陰影來表現立體感。

不過，非常不巧的，我才剛開始畫，植物學的教授就走了過來。然後他拿起我的素描，大聲地在大家面前說：「這麼畫是不對的。」害我感到既丟臉又沮喪。過了一會兒，那個叫我用點加上陰影的動物學教授走到我旁邊，對我說了聲「抱歉啊」。

我感覺上述的經歷乃是動物學和植物學完全獨立發展所造成的結果。的確，學者筆下的動物圖鑑和植物圖鑑的素描風格可說截然不同。譬如在《新日本動物圖鑑》（北隆館）中出現的動物插圖，幾乎都是點描畫，利用各種濃淡不同的小點畫成。另一方面，在《牧野新日本植物圖鑑》（北隆館）中，不只是植物的外形，連細部的葉脈也都是用清晰的線條來表現，讓人感覺非常地平面。

動物與植物素描方法的差異

動物的插圖為了表現立體感，會使用點描法來呈現濃淡。

植物的插圖從外形到葉脈都是直線，不會使用點描法來加上濃淡。

構成生物體的物質

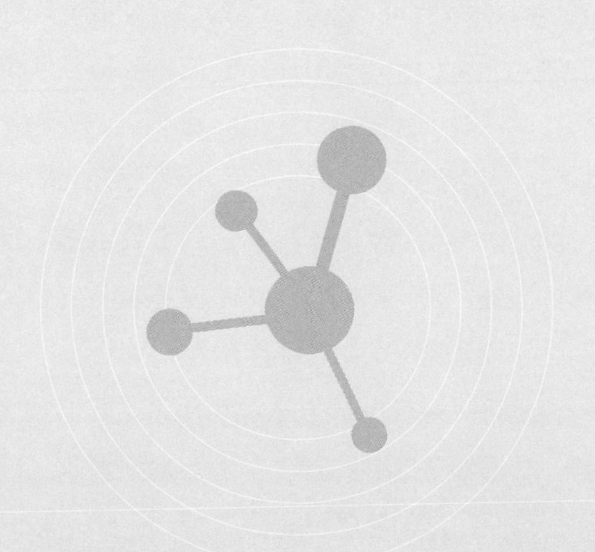

為什麼含矽元素的物種很少見？

——構成生物體的原子特徵

研究地球上存在的元素，會發現一個令人意外的事實。那就是構成岩石的元素矽，含量壓倒性地多。然而，**含有矽元素的生物，卻只有矽藻等極少的一部分**。這究竟是為什麼呢？

儘管矽元素Si與碳元素C是性質很相似的元素，但生物卻幾乎無法利用矽元素。像是碳水化合物和蛋白質等，幾乎所有生物合成的化合物都含有碳元素C。另一方面，含有地表岩石所富含之矽元素的化合物，在生物身上則幾乎找不到。要探究其原因，就必須從這2種元素的原子結構說起。

碳元素的化合價為4，擁有能與其他元素結合的多種可能性。由於這個性質的關係，碳元素可以合成各式各樣的化合物。另一方面，矽元素的化合價也是4，這點和碳元素一樣。

然而，**碳元素可以與其他碳原子結合，形成可合成各種化合物的雙鍵或三鍵；但因為矽元素的原子半徑比碳元素大，所以沒辦法與其他矽原子結合，形成雙鍵或三鍵的結構**。因此，碳元素可以合成各式各樣的化合物，矽元素卻沒有辦法合成多樣的化合物（參照圖2）。

構成生物的主要元素，大致可分為碳元素C、氫元素H、氧元素O，以及氮元素N這4種。這些元素的原子可以彼此結合，形成碳水化合物、脂肪、核酸、胺基酸、蛋白質等化合物。合成這些有機化合物時，碳元素的雙鍵或三鍵扮演非常重要的角色。由於雙鍵和三鍵的化學反應性高，因此很容易與各種物質結合，或是分解成其他物質。另一方面，以岩石、礦物為代表的無機物，主要成分是矽Si、鋁Al、鐵Fe等元素，跟構成生物的元素大不相同。

而且這些元素的原子結合方式和有機化合物相比也簡單許多。因此含有矽元素的化合物種類，遠少於含有碳元素的化合物。

圖1 ● 碳元素（左）與矽元素（右）的元素結構比較

	碳元素	矽元素
原子序	6	14
電子數	6	14
最外層電子數	4	4

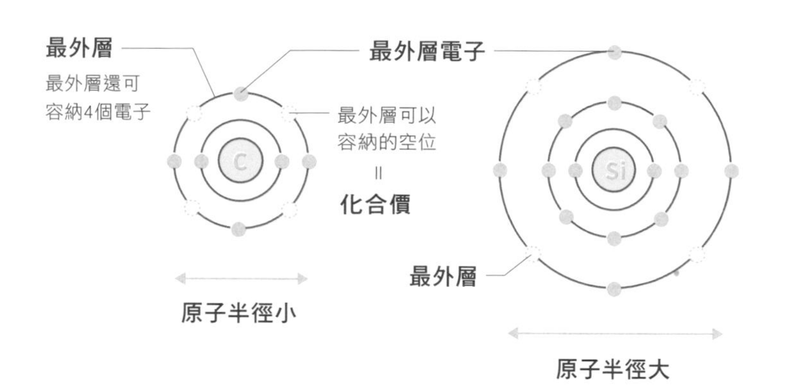

最外層的電子數達到8個時，原子會變得穩定。

碳元素和矽元素的最外層電子都是4個，所以再容納4個電子就會變得穩定。此時我們就說它們的化合價為4。

但矽元素的原子半徑比碳元素大，因此沒辦法與其他矽原子形成雙鍵或三鍵的結構。

圖 2 ● 碳元素與矽元素的差異(共價鍵)

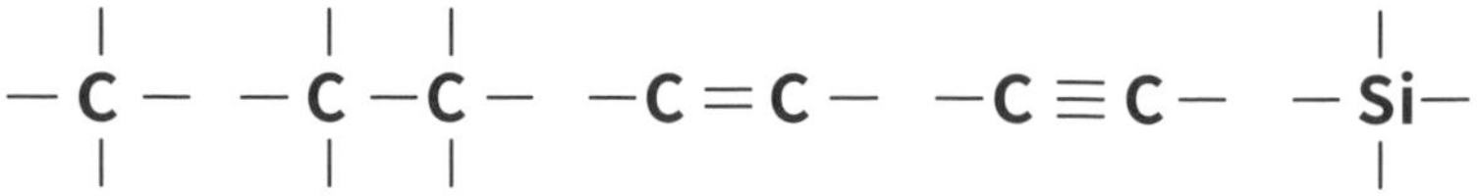

$$-\overset{|}{\underset{|}{C}}- \quad -\overset{|}{\underset{|}{C}}-\overset{|}{\underset{|}{C}}- \quad -C=C- \quad -C\equiv C- \quad -\overset{|}{\underset{|}{Si}}-$$

碳元素C的最外層可再容納4個電子，可以用上圖的黑線來表示。這個狀態在化學上稱為化合價為4，可以和4個原子組成共價鍵。矽元素Si的化合價與碳元素一樣都是4，但碳元素的原子可以組成雙鍵或三鍵，矽元素卻無法組成雙鍵或三鍵。

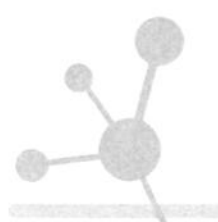

生命活動的能量來源

——碳水化合物的故事

肚子餓的時候，大多數的人通常會吃麵包或米飯，而這些食品中都含有大量如澱粉之類的碳水化合物。**碳水化合物主要是由碳元素C、氫元素H、氧元素O所組成，大多數的情況下，分子式會寫成$C_mH_{2n}O_n$**（m和n代表某個整數）。這個化學式的寫法可改寫成$C_m(H_2O)_n$。H_2O就是水分子，所以仔細觀察這個化學式，其實就是碳元素與水結合而成的物質。因此才叫做碳水化合物。以葡萄等食物中所含的葡萄糖為例，葡萄糖的英文是glucose，化學式為$C_6H_{12}O_6$。

葡萄糖是一種單醣，2個葡萄糖連在一起就是雙醣，例如砂糖（蔗糖）等。而2～20個單醣連在一起則叫做寡醣；20個以上的單醣連在一起就叫做多醣。

多醣家族包含了澱粉、糖原、纖維素等。各位相信嗎？紙的主要成分纖維素居然是砂糖的同類。米飯中富含的澱粉嚼久了會甜甜的，但紙吃起來卻一點也不甜。這是因為我們的身體會分泌可以分解澱粉的澱粉酶，卻不會分泌可以分解纖維素的纖維素酶。山羊喜歡吃紙，這是因為山羊的腸內細菌可以把纖維素分解成單醣，所以山羊才能把紙消化成養分供身體利用。

圖3 ● 單醣類的代表：α-葡萄糖的結構式

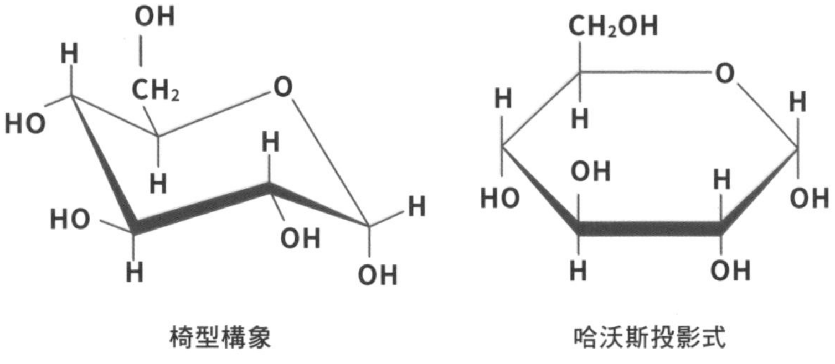

椅型構象

哈沃斯投影式

葡萄糖的六員環結構（6個原子構成的環狀結構）無法用平面表示。因此，葡萄糖的六員環傾斜來看就像一張椅子。這就叫做椅型構象，左圖的結構式清楚地畫出了該狀態。另一方面，右圖則是把六員環壓扁後的示意圖，這種畫法可以清楚看出從碳原子伸出的H和OH的方向。2種畫法都省略掉了六員環中的碳原子C。

進行生命活動的主角

——胺基酸與蛋白質的故事

當我們在進行運動、呼吸、消化腹中的食物等生命活動時，大多時候都有蛋白質參與其中。**而構成蛋白質的重要元素，則是一種名為胺基酸的化學物質**。一如其名，胺基酸具有溶於水時呈鹼性的胺基，以及溶於水時呈酸性的羧基，基本結構如下一頁的圖4。胺基酸溶於水會同時出現酸性和鹼性2種性質，因此又被稱為兩性電解質。

我們身體中的蛋白質，是由20種胺基酸以鎖鏈狀連成的。胺基酸與胺基酸結合稱為**肽鍵**，由第一個胺基酸的羧基（-COOH）與第二個胺基酸的胺基（$-NH_2$）結合產生。當多個胺基酸透過肽鍵串連起來時，就會變成長鏈狀的分子。相連的胺基酸數量在2至數十個之間叫做肽：2個胺基酸相連而成稱為二肽，3個胺基酸相連而成叫做三肽。胺基酸的數量只有數個時叫做寡肽（oligo-，就是少的意思），達到幾十個的話則叫做多肽（poly-，就是多的意思），而高達數百至數千個就叫做蛋白質。

當胺基酸的數量很少時，蛋白質的鏈會自己捲起來形成立體結構；但鏈長太長時，就沒辦法自己捲成正常的結構。

此時，一如在2－5的內質網與高基氏體的項目中說明過的內容，「分子伴侶」會幫忙蛋白質正確地摺疊（chaperone一詞源於法語中負責教育社交界新人的年長女性，故譯為分子伴侶）。而順利形成正常立體結構的蛋白質，可以在生物體內發揮各式各樣的功效。

圖4 ● **胺基酸與肽鍵**

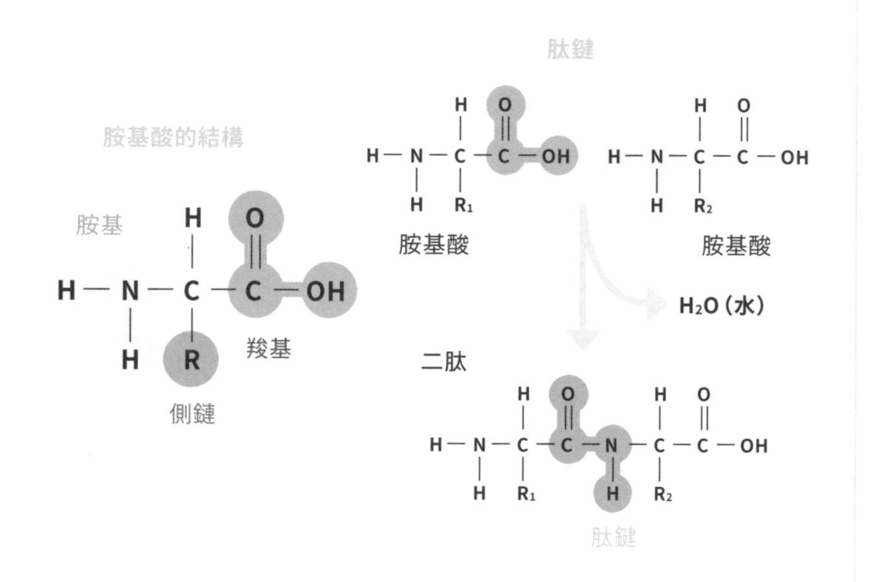

觀察左圖的胺基酸，可以發現這是一種中間的碳元素分別與胺基（左側）、羧基（右側）、氫元素（上側）、側鏈（下側）結合而成的物質。側鏈的部分因為胺基酸的種類而異，構成蛋白質的胺基酸共有20種。2個胺基酸之間可藉由失去1分子的水，使胺基和羧基反應結合。這就叫做肽鍵。

圖5 ● 胺基酸與肽、蛋白質

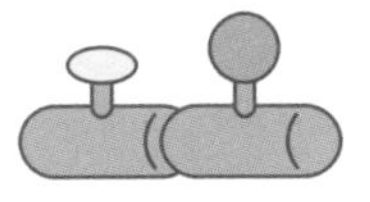

二肽（2個胺基酸結合成的肽）

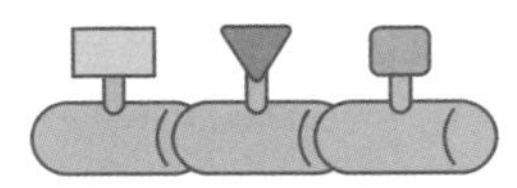

三肽（3個胺基酸結合成的肽）

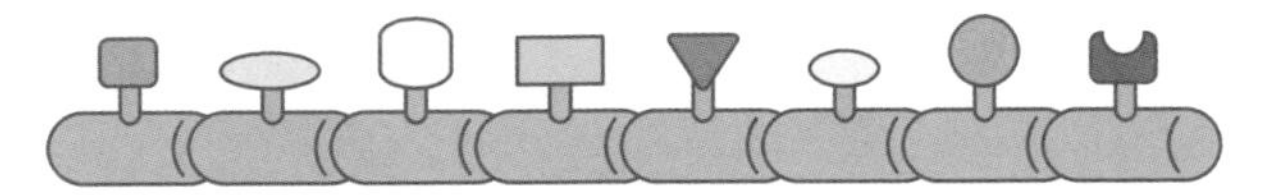

多肽（數十個胺基酸結合成的肽）

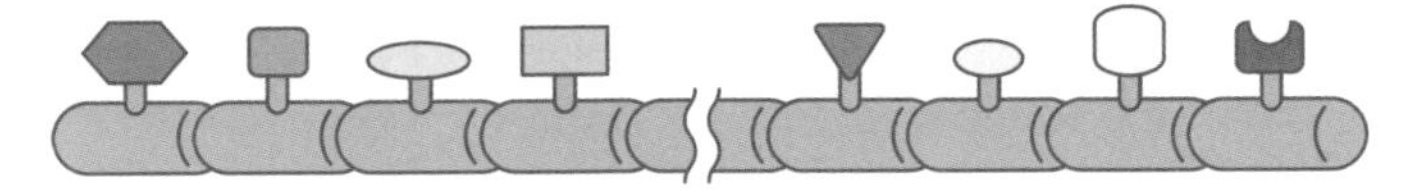

蛋白質（更多胺基酸結合成的肽）

肽和蛋白質是由胺基酸以直鏈狀連成的結構。這個結構可以複雜的方式進行摺疊，在生物的體內或體外發揮各式各樣的功用。

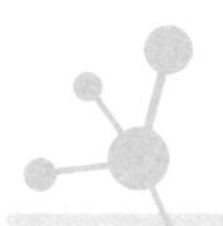

生命藍圖及其之複製

——DNA與RNA的故事

各位讀者的外貌和性格，跟自己的父母親相似嗎？如果很像的話，究竟是什麼東西連起了親子間的關係呢？直到今日，人們仍然會用「血緣」來形容親子和親戚之間的關係，但父母傳給孩子的其實並不是血，而是以另一種物質來維繫親子間的關係。

那種物質就是「基因」，現在已知是屬於核酸之一的DNA。**DNA是去氧核醣核酸（Deoxyribonucleic acid）的縮寫，由5個碳結合而成的去氧核醣、磷酸，以及其他4種鹼基結合而成。**

在DNA發現之初，由於它的結構非常簡單，因此科學家認為DNA很難承載複雜的資訊，並一直相信基因應該是一種結構複雜的蛋白質。然而，在詹姆斯・華生（James Watson）和弗朗西斯・克里克（Francis Crick）解開了DNA的立體結構後，眾多學者終於認同DNA就是基因的本體。所謂的基因，必須能夠正確地把遺傳訊息從親代傳給子代。而這個遺傳訊息是由4種鹼基的排列順序來負責記錄，藉由正確複製其排序（名為鹼基序列），即可完全複製遺傳訊息。

讓我們來看看右頁圖6所示的DNA立體結構。首先，DNA是一種「雙股螺旋結構」。這個「螺旋」的扶手部分，主要是由去氧核醣（糖）和磷酸交互結合而成。而「螺旋」的樓梯部分，每段都是一對鹼基。腺嘌呤（A）一定會和胸腺嘧啶（T）搭配成對，鳥嘌呤（G）一定會和胞嘧啶（C）搭配成對，不會出現A配G、T配C的情況。因此，A和T、G和C就稱為**互補鹼基對**。

要將親代的遺傳訊息正確地傳給子代，至少要製造出2個相同的基因。而基因的本體是DNA，所以理論上要從1個DNA分子製造出2個相同的DNA分子。但實際上，當1條DNA變成2條時，會用**半保留複製**的方法來合成DNA。也就是說，DNA的雙股螺旋會被解開變成2條鎖鏈，再各自以這2條鎖鏈為模具，分別製造出另一條

圖6 ● **DNA的雙股螺旋結構**

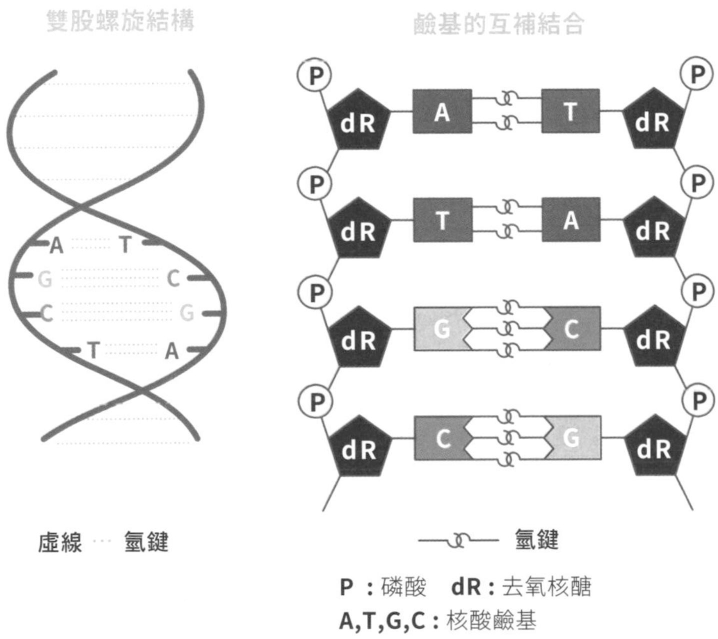
雙股螺旋結構
A
T
G
C
C
G
T
A
虛線 ··· 氫鍵
鹼基的互補結合
P
dR
A
T
T
A
G
C
C
G
氫鍵
P：磷酸 dR：去氧核醣
A,T,G,C：核酸鹼基

DNA的鹼基互補結合只會發生在A（腺嘌呤）和T（胸腺嘧啶）、C（胞嘧啶）和G（鳥嘌呤）之間，只要其中一方的鹼基序列確定的話，另一邊也會跟著確定下來。

新的鎖鏈。此時，由於A只能配T，G只能配C，因此當螺旋的樓梯部分穩定下來後，這條「螺旋」的扶手部分就會自然形成。而因為可以從1條DNA分子複製出鹼基序列完全相同的2條DNA分子，所以DNA具有基因的性質。

DNA是基因的本體，必須在真正需要時才進行複製。舉例來說，在蓋房子的時候，要是建築師把房子的設計圖帶去施工現場，不小心弄髒或搞丟了設計圖，就會對建築工程造成很大的麻煩。而我們的身體也一樣，相當於身體設計圖的DNA會被放在「細胞核」這個圖書館小心地保管，只有在複製的時候會帶離圖書館。而為了在複製完後可以馬上銷毀，其結構也易於分解。

這份拷貝物質叫做**RNA（核醣核酸：Ribonucleic Acid）**，跟DNA的結構有些不同。首先，已知RNA沒有胸腺嘧啶（T），取而代之具有尿嘧啶（U）這種鹼基。其次，RNA含有由5個碳組成的核醣。DNA的去氧核醣，就是從核醣中拿掉1個氧的結構。去氧核醣的去氧就是「去除氧」的意思。這個微小的差異，會大大影響DNA和RNA的穩定性。換句話說，RNA遠比DNA更不穩定，具有容易被分解、複製的性質。由於RNA具有核醣，因此在生物體內扮演容易被分解的副本角色；而DNA具有去氧核醣，是一種可以在生物體內長期保持穩定的物質。

圖 7 ● DNA 與 RNA 的巨大差異，源自其中五碳醣的結構差異

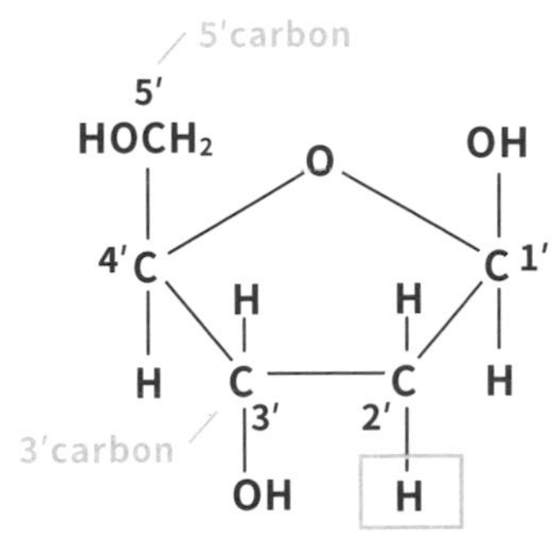

2-Deoxyribose

構成DNA的五碳醣是去氧核醣

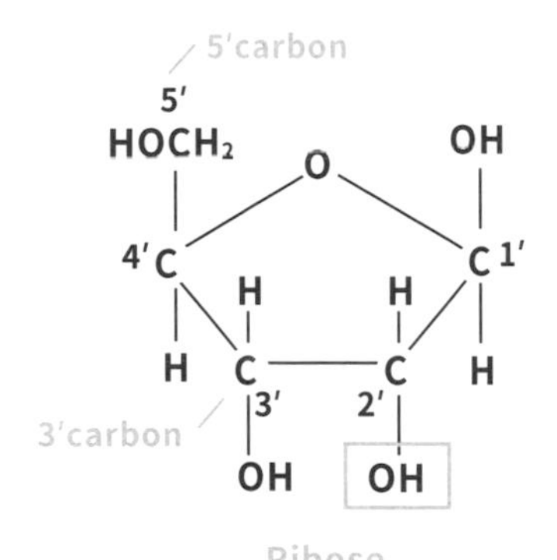

Ribose

構成RNA的五碳醣是核醣

DNA與RNA分別擁有去氧核醣和核醣這2種不同的五碳醣。注意左圖的H和右圖的OH。這個差異與DNA和RNA在結構穩定性上的差別有巨大關係。

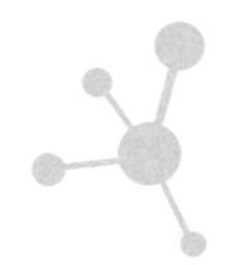

生物體內的油脂究竟有什麼用？

——構成細胞膜的脂質的故事

聽到脂肪，很多人會聯想到肥胖，但其實脂肪是我們的身體不可或缺的重要物質。請看圖8。**脂肪是由脂肪酸和甘油組合而成。**脂肪酸是一種烴（碳氫化合物）以直鏈相連而成的物質，疏水性（會彈開水的性質）很強，其末端為酸性的羧基。當這個羧基與甘油結合，就會變成脂肪。通常，1分子的甘油可與2至3條的脂肪酸結合。

人體細胞的細胞膜是由磷脂這種脂肪組成的。磷脂是種由1分子的甘油與1分子的磷酸和2分子的脂肪酸結合而成的物質。含磷酸的部分具有親水性（與水結合的性質），而脂肪酸的烴則具有疏水性。因此，在細胞周圍水分較多的環境，磷脂具有疏水性的脂肪酸部分，便會與其他磷脂的疏水性部分相吸，並結合在一起。另一方面，具有親水性的磷酸部分則會轉向水的方向。

當疏水性部分轉向膜的內側，親水性部分轉向膜的外側，細胞膜便形成了（參照圖8）。這就叫做**雙層脂膜**，水分子和易溶於水的物質無法輕易通過這層膜。實際的細胞膜上，布滿了名為通道蛋白的蛋白質形成的特殊孔穴，可以讓水和各種物質通過。藉由開關這些孔穴，細胞便能在內部創造出一個獨立於外界的物質環境。

圖 8 ● 磷脂的結構（上圖）與細胞膜（下圖）

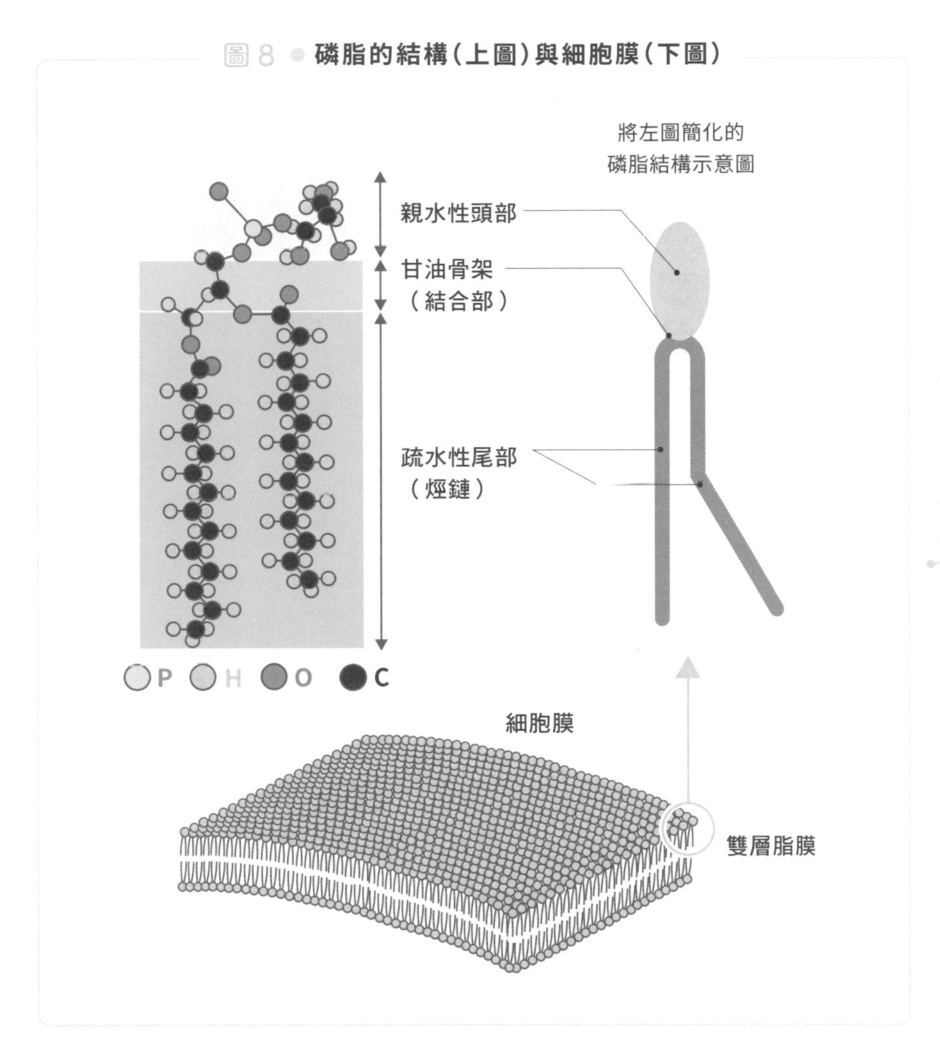

為什麼我們的身體需要金屬元素？

——生物體的微量元素的故事

我們的身體需要各式各樣的微量元素。譬如鐵，對於血液中的**血紅素**這種蛋白質的血基質結構就是不可或缺的。血基質需要鐵離子才能跟氧結合，並把氧從肺部送到身體的各個組織。還有，雖然很難想像人的骨頭內會含有金屬，但骨骼中的鈣也是一種金屬。鈣質在人體內是以磷酸鈣和碳酸鈣的狀態存在的。

另外，鈉離子和鉀離子也是神經興奮不可缺少的金屬離子；而鈣離子則是肌肉收縮的重要啟動器。

除此之外，銅Cu、鋅Zn、硒Se等元素，雖然需求量非常低，但也是人體不能沒有的金屬離子。以上的金屬離子，通常是用來跟各種蛋白質——尤其是扮演酵素活性中心的胺基酸結合，如果沒有這些金屬離子的話，酵素就會失去活性，其他很多蛋白質也都會停止工作。

表 1 ● 含有金屬元素的主要物質及其作用

磷酸鈣	骨頭的主成分，具有以下3種結構 $Ca(H_2PO_4)_2$　$CaHPO_4$　$Ca_3(PO_4)_2$
碳酸鈣 $CaCO_3$	貝殼、蝦·蟹的殼、珍珠等
鐵 Fe	紅血球血紅素的血基質
鈉 Na、鉀 K、鈣 Ca	電解質

表 2 ● 除表 1 之外，人體需求量少但必要的元素及其作用

氟	F	骨頭和牙齒的成分之一
矽	Si	骨頭和結締組織的成分之一
釩	V	與酵素結合
鉻	Cr	與酵素結合
錳	Mn	與酵素結合
鈷	Co	與酵素結合
銅	Cu	與酵素結合
鋅	Zn	與酵素結合、與DNA結合蛋白結合
硒	Se	與酵素結合
鉬	Mo	與酵素結合
錫	Sn	人體必需的微量元素，分子層級的機能仍不明
碘	I	與甲狀腺素（甲狀腺荷爾蒙的一種）結合

3-7

被譽為能量貨幣的物質

——ATP的故事

就像電車需要電，汽車需要汽油，我們要進行各種生命活動，也需要可以產生能量的物質。我們在肚子餓的時候會攝取砂糖和澱粉等碳水化合物，但碳水化合物並不能直接轉變成能量。在我們的體內，細胞會透過呼吸作用把葡萄糖等碳化水合物分解，然後將能量暫時儲存在能量物質內。

這個能量物質就叫做三磷酸腺苷（簡稱ATP，Adenosine triphosphate），它是核酸之一的腺嘌呤（A）與組成RNA的五碳醣（核醣）合成的物質腺苷，和3分子的磷酸直接連結而成的結構。人體內所有的細胞和組織都需要用到ATP這種能量物質，所以ATP又被叫做能量貨幣。

ATP的磷酸互相結合時，可以儲存很高的能量，而當這個鍵結斷掉時則會釋放很高的能量，所以此一鍵結又叫做「高能磷酸鍵」。ATP的高能磷酸鍵斷掉時，ATP會被分解成ADP（二磷酸腺苷）和磷酸。此時產生的能量可以用於各種生命活動。如果這樣能量還是不夠的話，ADP還可以再拿掉1個磷酸來釋放能量。而ADP分解後就變成了AMP（單磷酸腺苷）。

然而，ATP在生物體內是核酸也要使用到的寶貴物質，所以在肌肉等會消耗大量ATP的組織，只靠ATP這個能量來源是不夠的。

因此，人體會用ATP內的高能磷酸鍵合成另一種名叫**肌酸**的物質，以磷酸肌酸的狀態來保存大量的高能磷酸鍵。然後在肌肉收縮時，依需求分解磷酸肌酸來產生ADP和AMP，再合成ATP來當成能量貨幣使用。

圖9 ● 三磷酸腺苷（ATP）的化學結構式

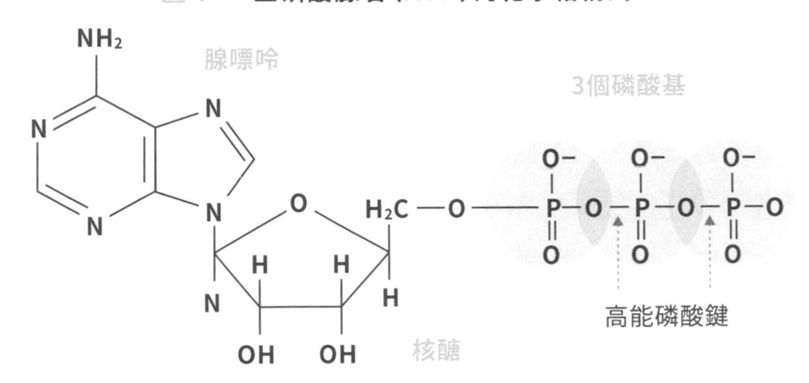

鹼基之一的腺嘌呤與五碳醣之一的核醣結合，就叫做腺苷。而腺苷和1個磷酸結合是單磷酸腺苷（AMP），和2個磷酸結合是二磷酸腺苷（ADP），和3個磷酸結合就是三磷酸腺苷（ATP）。

3-8 荷爾蒙是什麼？

——細胞間的溝通

聽到荷爾蒙，很多日本人第一個聯想到的就是燒肉。在日本，荷爾蒙燒肉泛指豬等動物的內臟燒烤，因為動物的內臟含有可以產生活力的荷爾蒙，所以才有了荷爾蒙燒肉這個詞。但本節要介紹的不是燒肉，而是荷爾蒙燒肉一詞的語源，也就是人體必需物質之一的荷爾蒙的故事。

荷爾蒙是一種由人體內的某些器官（內分泌器官）合成，分泌於血液中的物質，當人體內的其他臟器（標的器官）接收到荷爾蒙時，便會產生某些反應。換句話說，我們可以把荷爾蒙想成是在生物體內，負責聯絡相距遙遠的細胞或組織的信使。

荷爾蒙的主要功用是透過血液替相距遙遠的細胞傳遞訊息，但它也可以在距離相近的細胞之間產生作用。這叫做**旁分泌**。另外，細胞分泌荷爾蒙作用於自己的身上就叫做**自分泌**，有時這2個名詞會和內分泌分開來使用。而荷爾蒙和其他類似荷爾蒙的物質，則統稱為**生物活性物質**。

那麼，除了荷爾蒙之外，生物體內的細胞有沒有其他的溝通方法呢？答案是有的，那就是透過神經訊號和神經內分泌。讓我們來比較一下這3種方法。首先是荷爾蒙內分泌，荷爾蒙要從一個地方傳遞訊息給標的器官，需要花費較多時間。因為不同細胞對荷爾蒙

圖10 ● 什麼是內分泌、旁分泌、自分泌？

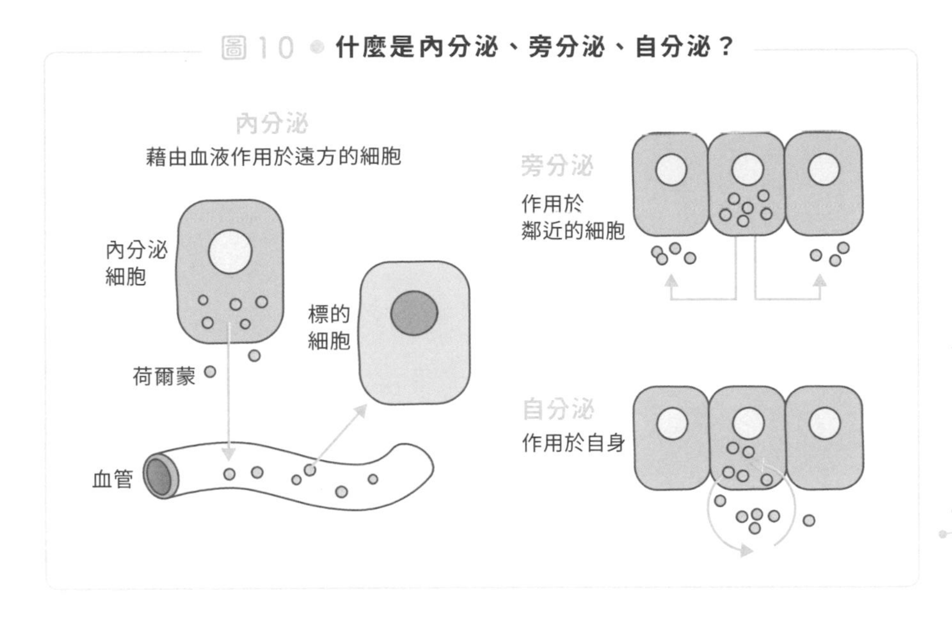

的反應都不同，有些細胞更是對荷爾蒙毫無反應，所以荷爾蒙內分泌就像是一種不同對象會有不同反應的掛號郵件。第二種是神經訊號，神經訊號可以瞬間傳遞，就好像電話一樣。而第三種的神經內分泌，則是細胞收到神經訊號後分泌荷爾蒙的方法。這種方法雖然可以瞬間將訊息傳至其他細胞，但因為該細胞需要藉由化學物質來取得訊息，所以細胞在收到訊息後仍需等一段時間才能解讀完畢，因此就像傳真或電子郵件。

除了荷爾蒙之外，還有一個很類似的名詞叫做**費洛蒙**。**費洛蒙是一種生物分泌到體外的化學物質，由其他個體接受後產生反應。**荷爾蒙是在個體內傳遞訊息的物質，費洛蒙則是向其他個體傳遞訊息的物質，這是兩者最簡單的區辨方法。費洛蒙有雄性吸引雌性用的**性費洛蒙**，以及殘留在道路上替其他同伴指引道路的**路標費洛蒙**等種類。

科學家至今已經發現超過100種荷爾蒙，未來還有可能發現更多。過去被認為只是血液幫浦的心臟，實際上也會合成、分泌荷爾蒙（**心房利鈉肽：ANP**），屬於一種內分泌器官；還有以前被認為是肥胖根源的脂肪組織，其實也會分泌抑制食慾的荷爾蒙（**瘦體素**）影響食慾中樞來降低食慾等等，不斷有新的荷爾蒙和新的機能被發現。

我們的身體必須有各種不同的細胞和組織、器官互相協調工作，才能夠維持在一定的狀態。如果某種荷爾蒙分泌過度，身體就會抑制荷爾蒙的分泌，避免荷爾蒙太多或是太少，調節至最合適的狀態。

我們的身體就像一個管弦樂團，而負責指揮這支樂團的就是內分泌器官。也就是位於大腦下方的豆粒狀臟器，名叫**腦下垂體**，或稱**腦垂腺**。腦垂腺會接收來自下視丘的指令，合成、分泌可刺激各個臟器的各種荷爾蒙。腦垂腺可分為前葉和後葉兩部分，兩者可合成不同的荷爾蒙。其中腦垂腺前葉負責合成和分泌促進成長的生長激素、促進乳汁分泌的催乳激素、促甲狀腺素、促腎上腺皮質素、促性腺激素。

收到來自腦垂腺的刺激後，甲狀腺會分泌促進代謝的甲狀腺激素，腎上腺皮質會合成、分泌糖皮質素和礦皮質素等荷爾蒙。

另外還有2種胰臟分泌的荷爾蒙也不能忘記。一是可以降低血糖值的胰島素，這種荷爾蒙分泌不足的話，標的器官的反應就會變差，導致糖尿病。另一方面，胰臟還會合成、分泌可以提高血糖值的升糖素。所以胰臟不只能合成分泌至十二指腸的消化液，也是能合成荷爾蒙再分泌至血液中的內分泌器官。

圖11 ● 人類的內分泌器官與其分泌的荷爾蒙

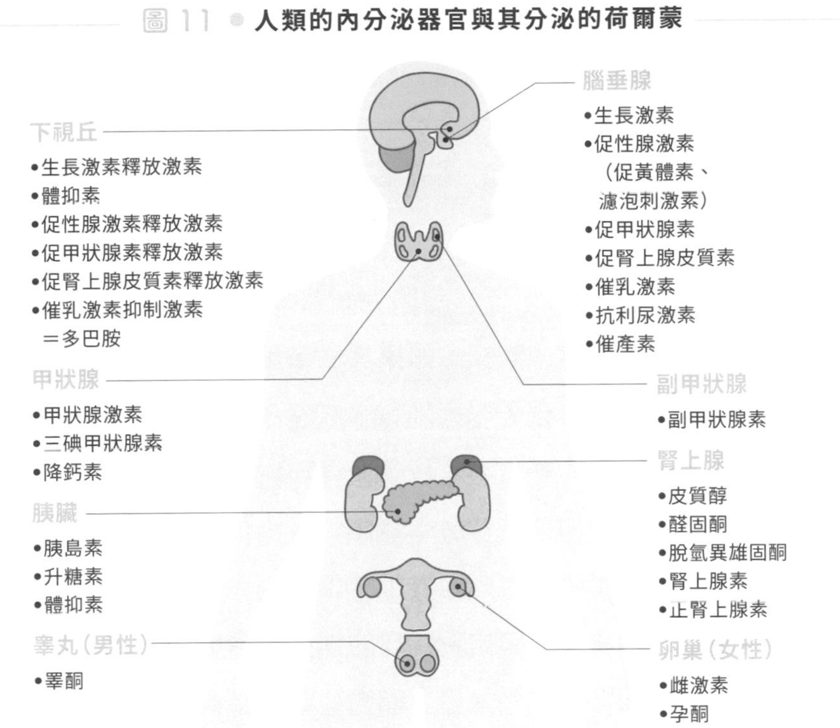

植物也有荷爾蒙？

——植物性荷爾蒙：生長素和吉貝素、開花素的故事

動物如果荷爾蒙分泌太多或不足的話，便會影響健康狀況，引起糖尿病等重大疾病，所以很容易注意到荷爾蒙的重要性。但說到植物的荷爾蒙，大家可能就比較不熟悉了。然而，植物的種子在發芽時知道要往上生長，長根時知道要往下扎根，而且嫩芽的前端還會朝著陽光的方向，也就是植物整體會協調地朝特定方向生長，這些現象相信大家都非常熟悉才對。而這些現象其實都是植物的細胞分泌植物荷爾蒙，作用在周圍的細胞上，使細胞之間能夠互相協調，朝相同的方向彎曲所致。

不過植物和動物不同，沒有可分泌荷爾蒙的特定器官。而且，植物沒有可對荷爾蒙產生反應的特定標的器官，植物荷爾蒙也沒有特定的作用場所。

現在已知擁有具體效果的植物荷爾蒙，包含生長素、吉貝素、細胞分裂素、乙烯、離層素、油菜素類固醇、茉莉酸，以及最近才揭開面紗的開花素（Florigen）等等。

其中，**生長素**和**吉貝素**具有促進植物生長的作用。生長素會使細胞壁變軟，讓細胞可以吸收水分而膨脹，促進莖的生長。而吉貝素則是日本人發現的知名植物荷爾蒙。水稻有一種疾病叫做「馬鹿苗病（水稻徒長病）」，這種病會使稻苗異常生長，變得又細又軟，很容易倒掉或枯萎。1920年代，當時居住於台灣的黑澤英一發現，這種病源於「馬鹿苗菌（Gibberella）」這種黴菌分泌的物質。到了1930年代，東京帝國大學的藪田貞次郎等人成功分離出這種物質並使其結晶化，將其命名為吉貝素。吉貝素會抑制細胞骨架的微管方向，使細胞更容易朝縱向生長。

乙烯是一種氣體，但它也是植物荷爾蒙。乙烯擁有能讓果實熟成的作用。譬如蘋果會產生乙烯，所以把香蕉和蘋果放在一起，便能讓香蕉熟得更快。然後已知**離層素**具有使葉片轉紅和抑制種子發芽的功效。

開花也和植物荷爾蒙有關。每種植物的開花時期因種類而異，這點大家應該都知道。例如櫻花在春天開，菊花在秋天開。植物能夠得知季節的變化，知道什麼時候要開花，這跟日照的長短有關。在春天開花的植物，稱為長日照植物，當它們感知到夜晚的時間變

圖12 ● **植物的主要荷爾蒙及其功用**

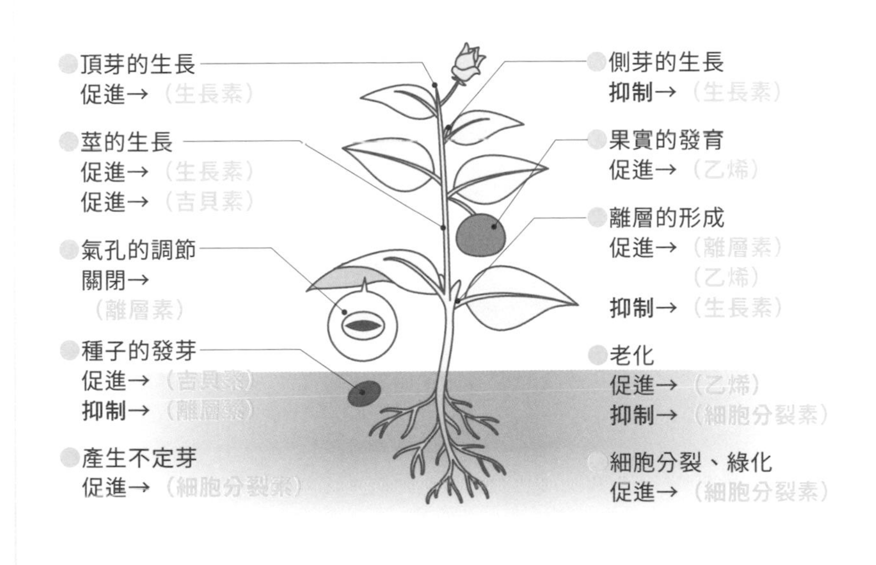

短時，就會長出花芽。相反地，在秋天開花的植物則稱為短日照植物，當它們感知到夜晚的時間變長時，就會長出花芽。

植物的葉子可以感知到日照的長短，然後釋放一種能使植物長出花芽的物質傳送至莖的前端，這個機制早在1930年代就已被發現，而此物質被科學家命名為**開花素（Florigen）**。然而一直到了2007年，科學家才完全了解開花素的真面目。

這個物質的真實身分，是一種名叫FT蛋白的蛋白質，由FT基因（Flowering Locus T）製造。這種FT蛋白在葉片上合成後，便會移動到莖中，接著來到莖的最前端的莖頂。然後，FT蛋白會與另一種名叫FD蛋白的蛋白質結合，促進花芽分化基因（AP1基因）的運作。於是便形成花芽，開出花朵。

生物之窗

快樂物質是什麼樣的東西？

各位知道我們感到快樂的情感跟某種物質有關嗎？

我們之所以會感覺到「快樂」、「喜悅」等幸福感，與我們腦中的神經傳導物質多巴胺、血清素，以及腦內啡有關。這些物質是由神經細胞合成、分泌的，當它們作用在周圍的神經細胞上時，我們就會產生幸福的感覺。

多巴胺屬於由胺基酸之一的酪胺酸合成的兒茶酚胺家族。這種物質在我們受到驚嚇或感覺到壓力時，也可以成為交感神經末端或腎上腺分泌的腎上腺素或正腎上腺素的原料。目前已知帕金森氏症（一種手腳會顫抖、肌肉僵硬，使人無法行走的疾病）就是因為腦內的多巴胺分泌不足所導致。

血清素與多巴胺同為神經傳導物質，是由胺基酸之一的色胺酸合成。目前已知當神經細胞突觸間的血清素不足時，就會導致憂鬱症，而現在也研發出許多種將血清素注入神經細胞間（避免突觸間的血清素不足）的抗憂鬱藥物。

因為多巴胺和血清素都是快樂物質，很容易讓人以為只要把它們製成藥物服用，就能使人感到快樂，但實際上並沒有那麼簡單。因為人體內的快樂物質過量時，也會引起各種不同的疾病。譬如若大量服用抗憂鬱藥物SSRI，雖然可增加腦中的血清素，卻也會引發頭痛、暈眩、想吐等症狀。嚴重的話甚至會昏睡，最壞的情形更可能致死。

那麼腦內啡又是什麼呢？這種物質與多巴胺和血清素不同，是一種肽。腦垂腺前葉會分泌促腎上腺皮質素（ACTH），而腦內啡跟這種荷爾蒙源自相同的基因，原本是包含在前腦啡黑細胞促素皮促素（POMC）這種肽裡面。當人體感受到某種壓力時，腦內啡就會從POMC中被切出，作用在神經上，發揮與嗎啡相似的止痛作用，使人產生幸福感。因此，腦內啡又被稱為腦內麻藥。

由於腦內啡會在運動員進行馬拉松等激烈的活動時釋放，因此這種幸福感又被稱為跑者的愉悅感。

　　腦內啡可不可當成藥物來使用呢？很可惜，因為它是肽的一種，所以直接服用的話會被腸胃消化，而注射到血液中也會因為大腦防止異物入侵的機制（血腦障壁），不太可能到達腦部。如果無論如何都想增加腦內啡的話，恐怕只能多跑馬拉松或進行激烈的運動了。

第4章

揭開基因和DNA的面紗

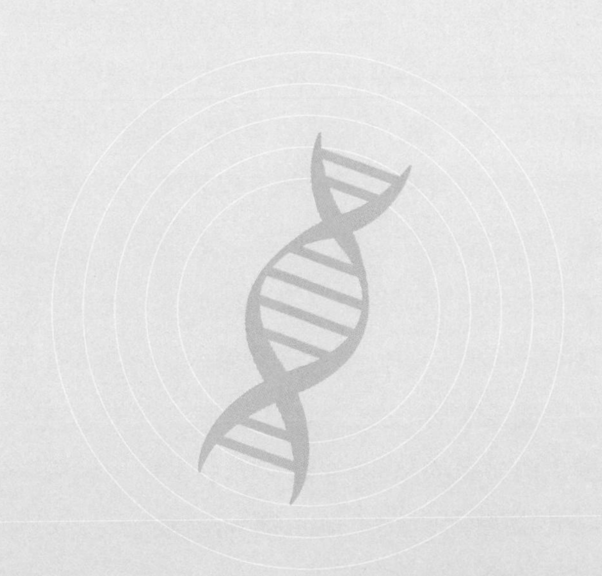

父母會把什麼傳給孩子？

——孟德爾發現的基因是什麼？

親子之間的相似之處，不只是臉和體型，還包括舉手投足的動作和性格，所有的一切都有關聯。而這些大多都被用「血緣」兩個字來概括，以前的人一直以來都相信親子長得相似，是因為他們流著同樣的血。

那麼親子的血真的是一樣的嗎？答案是否定的。從血型來分析就能馬上看出其中的謬誤。假設父親是A型，母親是O型，而在母親肚子裡的胎兒血型是A型的話，那會發生什麼事呢？假如胎兒的血與母親的血是共通的，那麼母親的身體便會產生排斥反應，因為免疫系統會把胎兒當成異物展開攻擊。但實際上這種情形卻沒有發生，這是因為母親與胎兒的血液之間有胎盤阻隔，不會互相混合。

那麼，子女究竟從雙親身上繼承了什麼呢？當父親的精子與母親的卵子在體內受精後，便會結合成受精卵，接著逐漸發育成胎兒的身體，因此小孩會從父母身上繼承精子和卵子的細胞。在這些細胞內，有一組來自父親的基因組（參照1－10），以及一組來自母親的基因組。由於雙親的基因組被小孩的細胞繼承，小孩身上才會出現各種與父母親類似的特徵。

在基因被發現之前，以前的科學家一直認為小孩是雙親的液體互相混合後產生的。譬如有的人雖然長得像父親，但行為習慣卻像母親，每個人的遺傳特徵表現都不一樣。因此，雖然父母親將特徵遺傳給小孩，但背後一定也有很複雜的機制存在。

然而，奧地利神父格雷戈爾・約翰・孟德爾（Gregor Johann Mendel）透過栽種豌豆的實驗，證明了基因並非像液體一樣的東西，而是像顆粒一樣的東西。他把注意力放在豌豆豆莢的顏色、形狀，以及豌豆豆子本身的顏色和形狀上，觀察這些性質是如何從親代傳給子代，甚至發展出了抽象的數學概念。

孟德爾發現的粒狀因子，在現代被稱為「基因」。他發現基因的遺傳遵循3項規則（顯性原則、分離定律、自由組合定律）。

舉例來說，比較親子間的長相，小孩眼睛的顏色一定是像父親或像母親，不會同時出現父母雙方的特徵，變成中間色的情況。這就是**顯性原則**。

分離定律的內容則是，所有人身上的基因都是成對存在的，其中一個來自卵子，另一個來自精子。因此，卵子與精子受精後成為受精卵，便會從父親和母親的身上各得到一個相同的基因。

最後，**自由組合定律**是指「眼睛的顏色」、「嘴巴的形狀」等性質，可以獨立由親代傳給子代。換句話說，小孩可以是眼睛和嘴巴都像父親，或是只有眼睛或嘴巴像父親，不一定兩者都會像同一個人。

儘管這些原則和定律也有例外，但孟德爾透過豌豆雜交實驗，奠定了遺傳學的基礎。

這裡讓我們藉由孟德爾的實驗，稍微更具體地解釋一下吧。從豌豆花的顏色來看，如果讓紅花個體與白花個體雜交，其子代開出的花朵並非紅與白的中間色，而是全部為紅色。此時，出現在子代身上的紅色就是**顯性**，沒有出現的白色則叫做**隱性**。接著再讓其子代彼此雜交，結果有的開出紅花，有的開出白花。而且，紅花與白花的比例是3：1。把這個現象用英文字母來表示會更加清楚。假設紅花為A，白花為a，2個基因的組合是Aa，此時由於A是顯性基因，因此所有子代的花都會是紅花。但當擁有Aa基因的豌豆彼此雜交時，就變成了A和a的排列組合，可以產生AA、Aa、aA、aa這4種子代。此時AA、Aa、aA都帶有顯性基因A，所以開的是紅花，只有aa會開出白花。因此比例就是3：1。

接著，我們再來看看2種性狀可以完全獨立存在的自由組合定律是否成立。從豌豆豆子的顏色和形狀來看，可以分成黃色圓豆、黃色皺豆、黃綠色圓豆、黃綠色皺豆。接著讓黃色圓豆與黃綠色皺豆雜交，其子代僅會出現黃色圓豆。

若將顏色的基因以A和a來表示，形狀的基因以B和b來表示，在子代身上出現的顯性基因為大寫，沒有出現的隱性基因則為小寫（圖1）。由於每個個體身上的基因都是兩兩成對，因此黃色圓豆的基因可寫成AABB，黃綠色皺豆的基因可寫成aabb。而這2個品種雜交後的子代基因是AaBb；子代再雜交後的孫代，黃色圓豆：黃色皺豆：黃綠色圓豆：黃綠色皺豆的比例則是9：3：3：1。

這裡只看豌豆顏色的話，黃色豆：黃綠色豆的比例是3：1；而只看豌豆形狀的話，圓豆：皺豆的比例也是3：1。這代表豆子的顏色和形狀是獨立從親代遺傳給子代的。這就是自由組合定律。

隨著分子生物學的發展，現代遺傳學的理論已變得更加複雜，但孟德爾定律依然是學習遺傳學時最基本的理論。

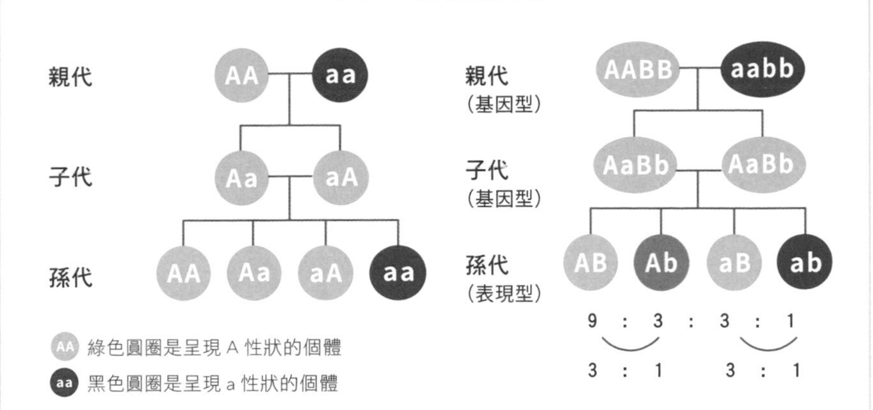
圖 1 ● 孟德爾定律
親代
AA
aa
子代
Aa
aA
孫代
AA
Aa
aA
aa
AA 綠色圓圈是呈現 A 性狀的個體
aa 黑色圓圈是呈現 a 性狀的個體
親代
（基因型）
AABB
aabb
子代
（基因型）
AaBb
AaBb
孫代
（表現型）
AB
Ab
aB
ab
9 : 3 : 3 : 1
3 : 1
3 : 1

基因的實體是什麼？

——DNA就是基因本體的證據

在現代生物學中，DNA是基因的實體這件事已經是常識，但在1940年代，科學界仍認為基因鐵定是一種蛋白質。因為DNA是由醣和名為鹼基的簡單物質所組成，所以早年的科學家認為DNA不太可能負責乘載複雜的遺傳訊息；另一方面，蛋白質則是由多達20種的胺基酸所構成，而且每種蛋白質的組成都不一樣，是非常複雜的物質。

那麼，科學家後來又是怎麼發現基因的實體其實是DNA，而不是蛋白質呢？這全都得感謝一位在加拿大出生的美國學者奧斯瓦爾德・埃弗里（Oswald T. Avery）的貢獻。肺炎鏈球菌可以分為會致病的S型菌和不會致病的R型菌，當時埃弗里正在研究將活的R型菌加入死滅殆盡的S型菌後，具致病性的S型菌也會跟著復甦的現象。此現象肇因於R型菌變成S型菌的形質轉換，而埃弗里想知道究竟是什麼物質導致了這個現象。他在進行實驗時，把蛋白質從死掉的S型菌中去除，只把DNA加入R型菌中，結果觀察到了形質轉換。

於是埃弗里在1944年，證明了導致形質轉換的物質（也就是遺傳物質）並非蛋白質，而是DNA。然而，當時的學者大多對埃弗里的發現嗤之以鼻，更有人認為是埃弗里精煉出的DNA中仍有

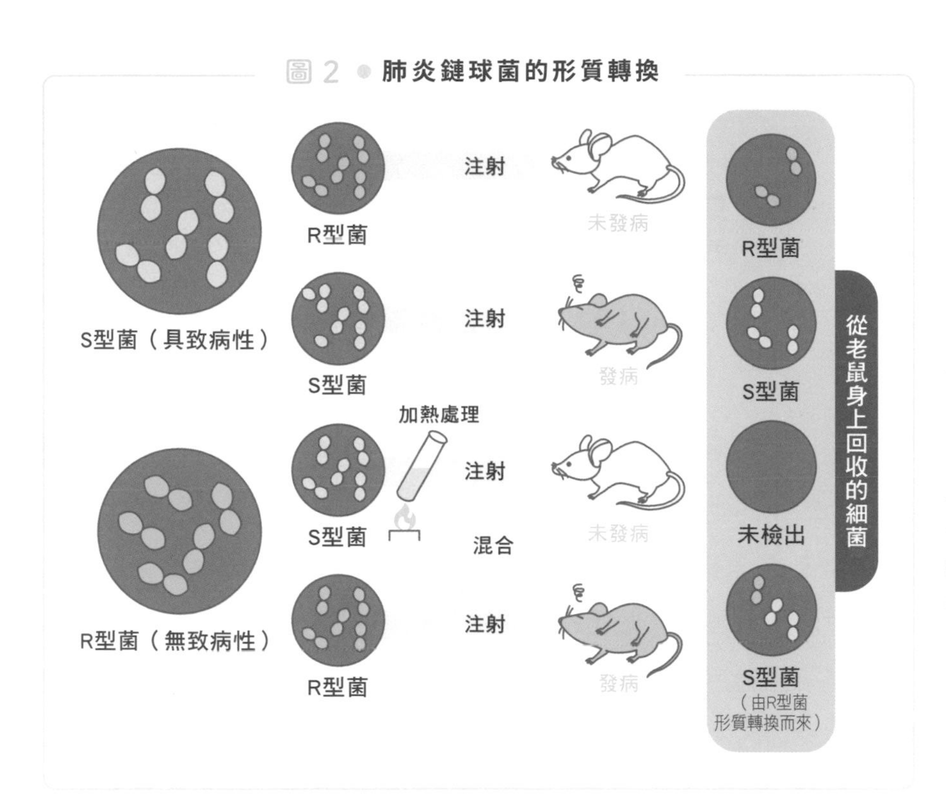

蛋白質殘留，才使得實驗中的細菌發生形質轉換。

後來直到1953年，DNA的立體結構被發現後，風向才總算改變。美國的分子生物學家詹姆斯・華生與英國的科學家弗朗西斯・克里克，以DNA的X射線繞射圖為依據，公開了DNA的雙股螺旋結構模型。而這成了基因的本體就是DNA的決定性證據（參照3－4圖6）。

研究果蠅有助於研究人類

——構成人體的同源異形基因的發現

由於遺傳是從親代傳到子代的跨世代過程，因此在研究人類這種壽命較長的生物的遺傳現象時，一般認為難度比較高。於是分子生物學家轉而研究壽命較短的大腸桿菌。然而，大腸桿菌的外形特徵很難看出差異，因此生物學家一直想研究更高等的生物。

美國的遺傳學家托馬斯・摩根（Thomas Morgan）則將目光轉移到一種名為黑腹果蠅，喜歡聚集在水果周圍的小型蒼蠅身上。摩根發現這種蒼蠅有些個體的眼睛是白色的，便研究這項特徵究竟是如何遺傳，最終奠定了遺傳學的基礎。然而，由於自然界發生突變的機率很低，因此摩根利用X射線，以人工方式誘發了各種不同的突變體。

直到現在，果蠅仍被用於遺傳學的研究，並與分子生物學和發育生物學相連結，取得了許多成果。

那麼，摩根究竟創造了什麼樣的突變體呢？首先是眼睛的顏色和形狀出現變化的突變體、翅膀從2片變成4片的突變體、臉上的觸角變成腳的突變體，以及最讓人驚訝的是，全身都長滿眼睛的突變體。

大多數人聽到這裡，大概都會質疑「生物學家為什麼要創造這種奇怪的生物？」不過我想為他們辯解，因為這些奇形怪狀的突變體，對於從基因層面研究生物體是如何誕生的，可以說是有其必要性。舉例來說，出現臉上長出腳的個體，意味著如果控制身體生長的基因損壞，生物就可能在完全不合理的地方長出四肢；而全身長滿眼睛的個體，也暗示了一旦決定眼睛位置的基因損壞，身體的任何地方都有可能長出眼睛。至於翅膀從2片變4片的個體，則幫助科學家發現了決定身體前後方向的**同源異形基因**。而且這個基因群不只是昆蟲，也存在於包含人類在內的所有脊椎動物身上。

圖3 ● **果蠅突變成4片翅膀**

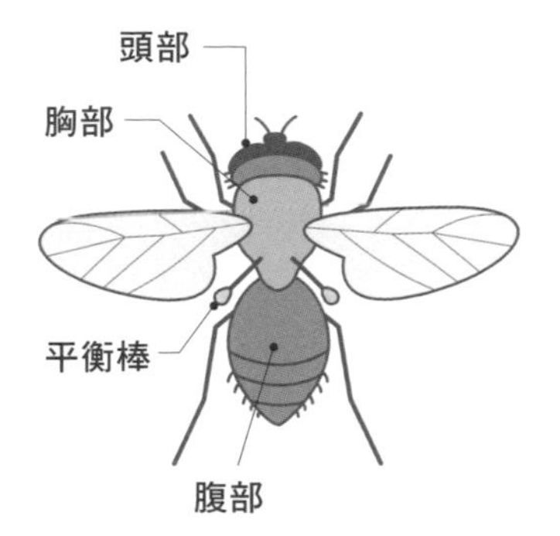

昆蟲的身體分為頭部、胸部、腹部，胸部又再分為前胸、中胸、後胸3節。
各胸節都長有一對腳，中胸和後胸各有一對翅膀。而蒼蠅後胸的翅膀已退化成一種名為平衡棒的器官，所以通常只有中胸一對翅膀。
左邊的插圖是正常的果蠅模樣。

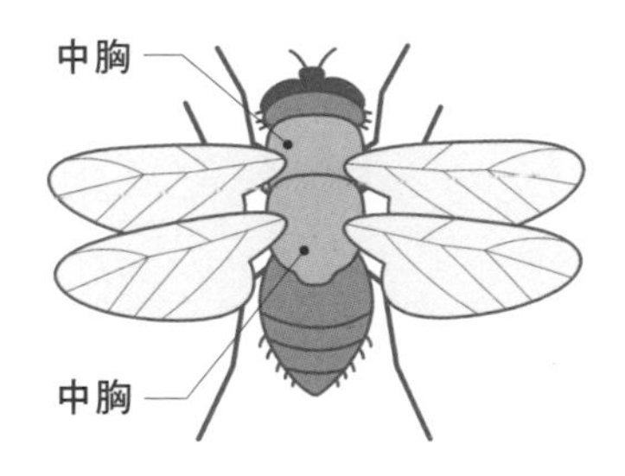

若是果蠅的Ultrabithorax基因發生突變，就會長出4片翅膀。這是因為形成後胸的基因損壞，使得後胸與中胸長成相同的結構所致。

圖 4 ● 果蠅的 Antp 基因突變

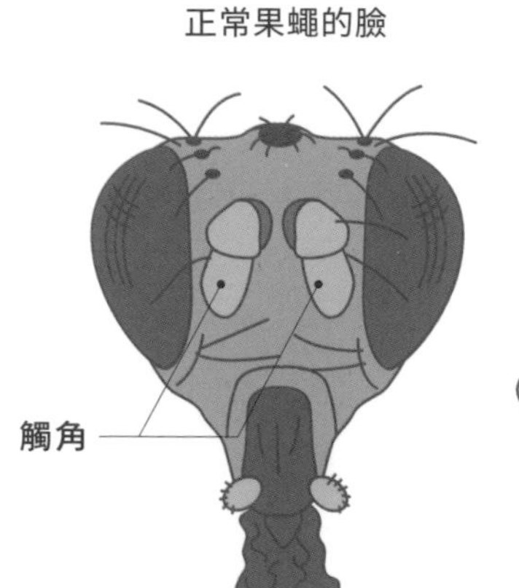

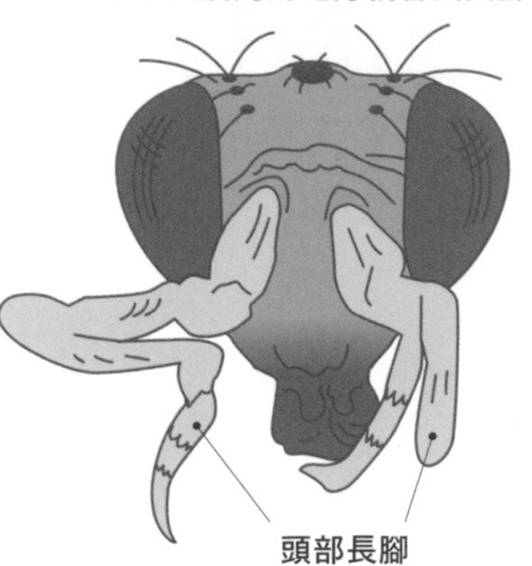

正常的果蠅個體，頭部會長觸角，但如果Antp基因發生突變，長觸角的地方就會長出腳來。

4-4 剪接基因的方法

——基因改造的基礎知識

知道基因的本體是DNA之後，科學家開始嘗試剪接DNA，可以相對自由地改造基因，並利用改造過的基因創造具備不同特徵的生物。

首先，我們來解釋一下用來剪斷基因的「剪刀」，以及用來黏貼基因的「膠水」。**「剪刀」就相當於「限制酶」**。DNA是由4種鹼基排成一列，其序列在不同的基因具有不同的特徵。限制酶可以辨識具有特定特徵的鹼基序列並剪斷它。這部分請參照圖5。舉例來說，EcoRI是一種知名的限制酶，可以辨識名為GAATTC的六鹼基序列，並在G和A之間製造出切口。然後，DNA的2條鎖鏈不會在同一個位置被剪開，AATT的4個鹼基會殘留一部分，這個部分不會變成雙股螺旋，而是維持1條鎖鏈的狀態。這個部分具有找出其他DNA的TTAA部分，並與其結合的性質，所以被稱為黏狀末端。

要把一個DNA片段和其他DNA組合在一起，只要把想要接上的DNA與準備接上DNA的部分用同種類的限制酶剪斷，製造出序列相同的黏狀末端，DNA分子便會自己黏合。不過光是這樣做，G和A之間依然是斷裂的狀態，所以還必須將相當於連結G和A的脊骨的DNA鏈黏合。**這時就輪到相當於「膠水」的連接酶（DNA修復酵素）登場，只要使用連接酶，就可以把DNA片段和另一個DNA**

片段黏起來。而這種把特定基因黏到另一個基因上的技術，就叫做「基因改造」。

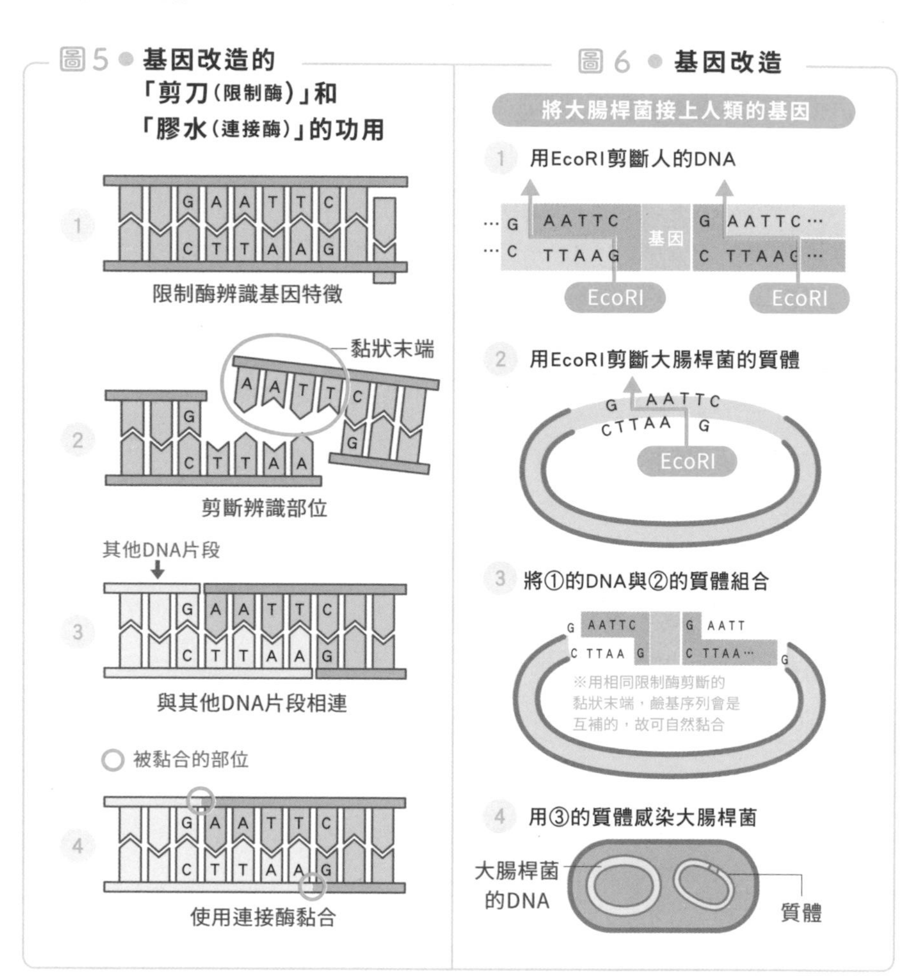

基因改造作物的現況

——GMO的優點和缺點

農作物的品種改良，長期以來都是讓帶有優秀性狀的作物互相雜交，再選出帶有更優秀性狀的子代繼續培育的方法。然而，這種品種改良方法需要耗費很長的時間，而且只能讓相似的品種雜交來創造出新品種。不過，近年隨著基因改造技術的出現，科學家已有能力從完全不同的物種中取出特定基因，創造出具有優秀性狀的作物。這種作物就叫做**基因改造作物**。在英文當中，不只是農作物，所有經過基因改造的生物皆**統稱為GMO（genetically modified organisms），意即「基因改造生物」的意思**。

在日本，消費者仍然對基改作物有很強的排斥感，但是放眼全球，基改作物在黃豆和玉米等作物已占有很高的比例。直到2016年，基改大豆的比例已高達全球種植面積的94%。

那麼，基改作物是如何製造的，又有哪些優點和缺點，還有哪些可能的隱憂呢？就讓我們一起來看看吧。

首先是優點的部分。基因改造創造出不怕除草劑的作物（例：對除草劑農達具耐性的大豆等）和不怕害蟲的作物（例：植入殺蟲蛋白基因的Bt玉米），因此可以大幅減少農藥的用量和種類。受惠於此，在大規模農業興盛的美國等國，生產成本得以大幅降低。

另一方面，基改作物的缺點是有可能會影響人體和生態系。由

圖 7 ● 基因改造作物的例子

於基因改造就是在生物的DNA上植入原本不具備的基因，因此科學家仍無法確定長期食用基改作物會產生何種影響。有實驗指出讓老鼠長期食用基改作物會增加致癌率，但也有研究得出的是完全相反的結論，所以實際上究竟如何，專家的意見仍有分歧。

此外，如果耐除草劑的基因透過花粉傳播等方式，傳到了農作物以外的植物（雜草等）上，也有讓雜草對除草劑產生抵抗力的隱憂。更甚者，如果農場全部都只種植基改作物，形成特殊的單一耕作環境，也沒人知道會對周遭的生態系產生何種影響。

另一方面，對於基改品種的「觀賞用植物」，或許是不用吃進肚子的關係，消費者的排斥性較低，所以近年也開始在日本大規模地栽種。過去，玫瑰花大多只有紅色、粉紅色、黃色、白色這幾種顏色。由於玫瑰原本就不存在藍色基因，因此不可能透過雜交的方式培育出「藍玫瑰」。但日本酒類製造商三得利在2004年成功將與玫瑰沒有親緣關係的碧冬茄的藍色基因植入玫瑰當中，創造出了「藍玫瑰」。

儘管存在著各種爭議，但預期基改作物的數量未來仍將繼續增加，需要各界持續密切地關注。

新的基因改造技術

——基因編輯

基因編輯的英文是genome editing，這是一種新發明的基因改造方法。過去的基因改造很難將基因植入特定的部位，但基因編輯技術可以將任何基因確實植入想植入的部位。過去的基因治療，即使知道是哪段基因損壞，也沒辦法換掉損壞的基因，只能把正常的基因植入其他部位。然而，使用基因編輯技術就能破壞掉損壞的基因，然後將正常的基因植入。而且還不只如此。過去的基因改造必須先準備好基因載體，並將抗生素耐受基因一併放進去，用以檢查基因有無確實進入細胞內；但基因編輯技術不需要基因載體也不需要多餘的基因。基因編輯主要有ZFN、TALEN、CRISPR/Cas9這3種系統。最近，基因編輯除了用於基因治療之外，也被應用在蔬果等農產品、豬牛等畜產品，以及魚貝類等水產品上。利用這項技術，科學家已接連創造出含肉量1.5倍的鯛魚、不容易腐爛的番茄等等。

儘管受惠於基因編輯，基改技術有了飛躍性的發展，但也有科學家提出警告，如果這類基改生物繼續增加下去，沒有人知道會對世界產生何種影響。把生物的基因改造成人類期望的樣子，可能會對生態系產生意想不到的影響。譬如在非洲盛行一種俗稱**鐮刀型貧血**，因血紅素基因病變而導致的遺傳病。與此同時，非洲還存在一種名叫瘧疾的可怕傳染病。而科學家發現，患有鐮刀型貧血的人特別不容易罹患瘧疾。如果用基因治療治好鐮刀型貧血，恐將使瘧疾的死亡人數增加。

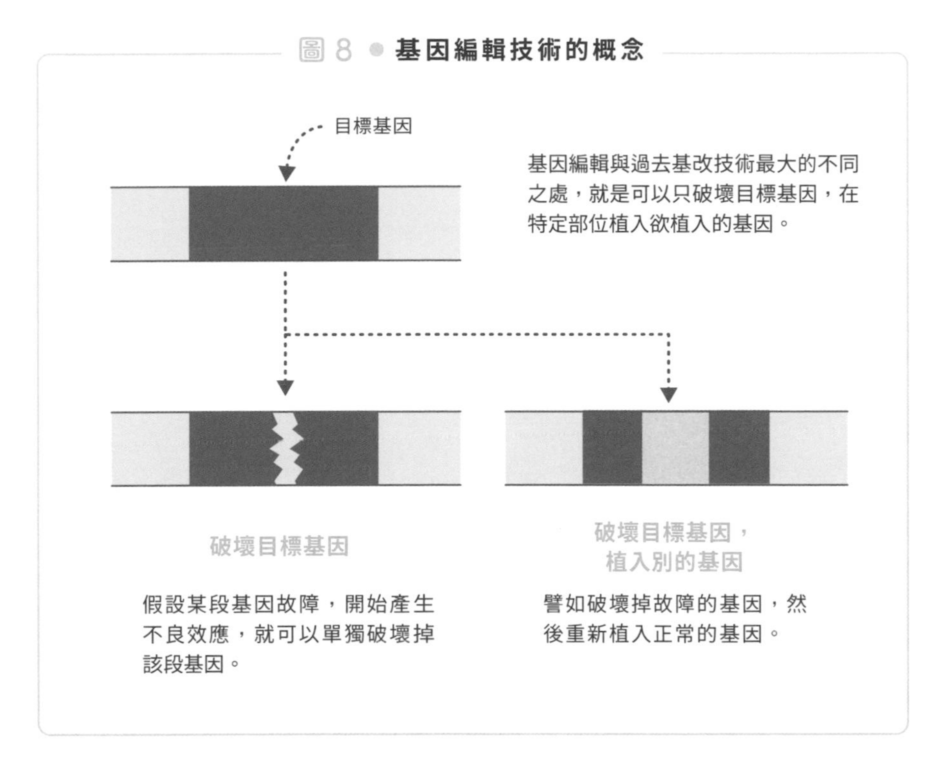

在短時間內大量增加基因的方法

——PCR法的原理

在基因改造技術剛出現的1970年代，科學家主要是利用大腸桿菌進行研究。具體的方式是在大腸桿菌的短環狀DNA質體上植入目標基因，然後把這個質體放進大腸桿菌的細胞內來增加基因。換句話說，當時的科學家相信要以人工方式複製基因，唯一的方法就是借助大腸桿菌這類生物的力量。

然而，有一名學者顛覆了這個常識。那個人就是美國生物科技公司Cetus的員工凱利・穆利斯（Kary Mullis）。他想出把DNA材料之一的核苷酸和合成DNA的酵素「DNA聚合酶」混在一起，以人工的方式合成DNA。這個方法被穆利斯命名為**聚合酶連鎖反應（polymerase chain reaction），現代多以其英文字首簡稱為PCR法**。

這個方法簡單來說，就是先把想要複製的雙股DNA、DNA材料的核苷酸、和想要複製的DNA末端結合的短DNA片段（引子，鹼基對少於20的寡核苷酸），以及可以在高溫下工作的耐熱DNA聚合酶混在一起。接著加熱到94°C左右，將DNA的雙鏈解開，變成2條單鏈。然後把溫度降到60°C左右，讓引子和單股DNA結合（此過程叫做退火）。隨後再加熱到72°C左右，使DNA聚合酶產生作用，合成與單股DNA對應的另一條DNA鏈。最後加熱到94°C，把合成的雙股DNA解開變成2條單股DNA，重複此過程20次左右，就能把目標DNA複製成幾萬倍。

穆利斯因為這項成就而在1994年獲頒諾貝爾化學獎。直到現在，全世界的實驗室仍在使用PCR法，可見其對分子生物學的發展有著巨大貢獻。

圖9 ● 聚合酶連鎖反應法（PCR法）的原理

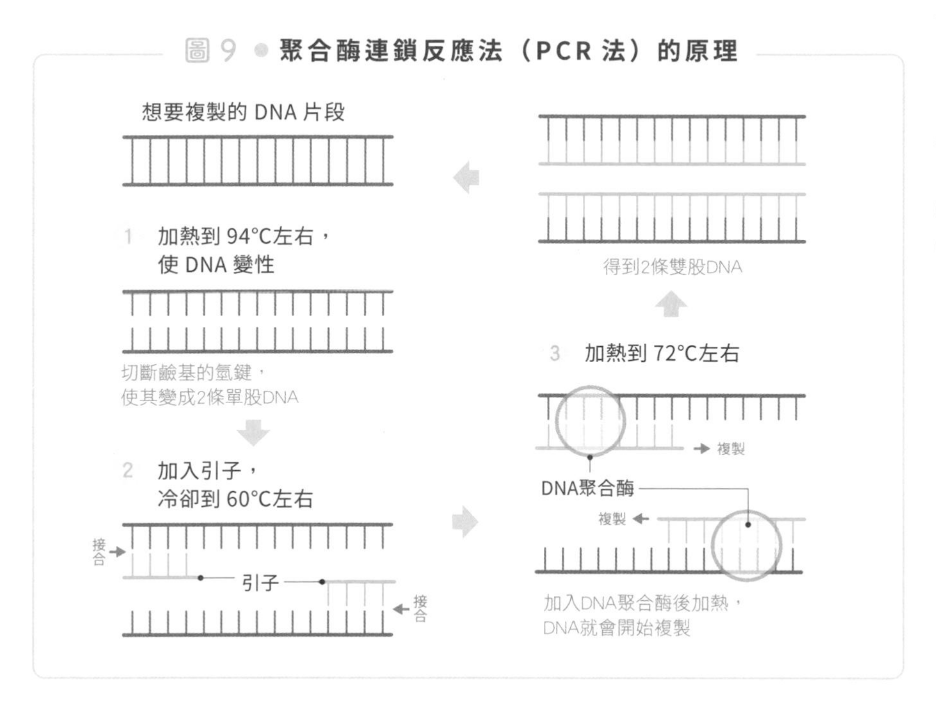

基因的鹼基序列確定法

——DNA定序

基因的遺傳密碼，已知是由DNA內含的4種鹼基的排列方式（鹼基序列）來負責記錄。而這個遺傳密碼會決定蛋白質的胺基酸排列。由於在生物體內，從物質代謝到運動等一切生命活動都與蛋白質有關，因此確定基因的鹼基序列是一件非常重要的事。

那麼科學家究竟想出了哪些方法來確定DNA的鹼基序列呢？第一種方法是製造出末端具有特定鹼基的DNA片段。製作的方法有以下2種。

圖 10 ● DNA 鹼基序列確定法

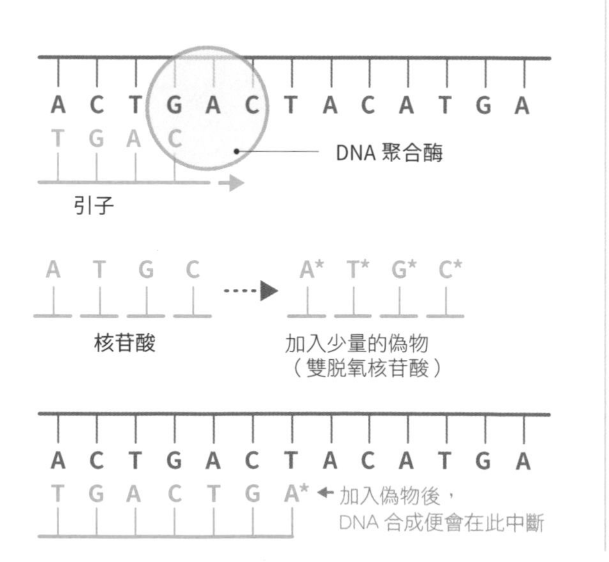

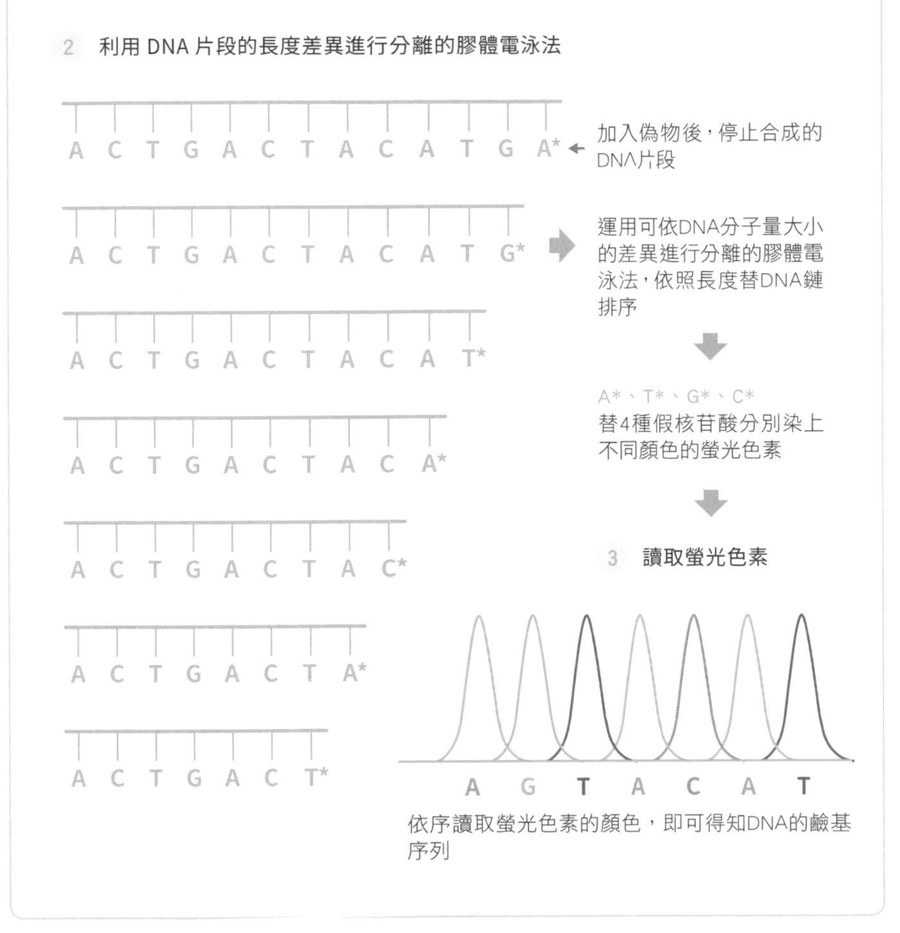

第一種是合成法，又叫**桑格定序法**，命名方式來自於此方法的發現者，也就是英國的生物化學家弗雷德里克·桑格（Frederick Sanger）。桑格想到的方法，是在DNA材料的核苷酸中混入偽物（雙脫氧核苷酸）。DNA聚合酶在合成DNA時，一旦加入這種偽物，DNA就會立刻停止合成。利用這個現象就能讓DNA在特定的鹼基位置停止合成，合成出想要的DNA片段。舉例來說，如果使用腺嘌呤（A）的偽物，DNA就會在A的位置停止合成，合成出末端為A的DNA。只要分別對4種鹼基使用4種偽物，就能製造出末端為A、T、C、G的4種DNA片段（參照圖10的①）。然後讓這4種假核苷酸與不同顏色的螢光色素結合，例如讓末端為A的染上紅色、末端為G的染上綠色，就能用顏色來加以區分。

另一個方法是化學分解法，因其發明者的名字，故又叫做「馬克薩姆-吉爾伯特測序法（Maxam-Gilbert sequencing）」。此方法是用試劑修飾DNA的特定鹼基，使DNA容易在該位置被切斷。如此一來即可製造出末端為特定鹼基的DNA片段。

那麼製造出末端為特定鹼基的DNA片段後，又要怎麼利用它們來確定鹼基序列呢？請看圖10的②。這裡使用的是依照長度來分離DNA片段的**膠體電泳法**。把DNA片段在起點處對齊排好，讓它們一起在膠體中泳動。此時，長度最短的DNA片段會移動得比較快，長度較長的DNA片段則移動得較慢。接著依照抵達終點的順序把DNA排好，再用雷射讀取DNA片段上的螢光色素。一如先前所述，由於末端鹼基種類不同的DNA擁有不同的螢光色素，因此只要看顏色的順序即可知道DNA的鹼基序列。

什麼是人類基因組計畫？

——人類基因組計畫帶來的恩惠

我們在1－10已經介紹了什麼是基因組，那麼這裡來介紹一下基因組解碼的歷史吧。在知道生物的基因即是DNA，而DNA的鹼基序列就是遺傳密碼後，全世界的研究者立刻開始尋找各式各樣的基因，並為它們的鹼基序列定序。當時有一位專門研究腫瘤病毒和「癌症基因」的義大利病毒學家羅納托・杜爾貝科（Renato Dulbecco），在看到全球學者陸續發表不同的「癌症基因」後，認為「**這樣下去根本沒完沒了，乾脆一次將人類所有的基因都進行分析更快**」，於是在1986年首先提出了「**人類基因組計畫（為人類身上所有的DNA鹼基序列定序的計畫）**」的想法。只可惜以當時的技術要確定人類身上30億組鹼基的序列，必須花上幾百年才辦得到，實在太不符合現實了，因此沒有人願意付諸實行。然而，後來隨著DNA定序方法的進步，這件事變得愈來愈有可能實現。

日本在1987年，由東大的和田昭允領先世界實現了DNA鹼基定序的機械化，並將其成果以論文發表。儘管在國內沒有受到太多注目，但在美國卻引起熱烈討論。美國政府對日本取得的巨大成果產生了危機感，開始認真看待為人類基因組定序這件事。

1988年，在DNA雙股螺旋結構的發現者之一詹姆斯・華生的呼籲下，「國際人類基因組組織」成立，並在1990年開始啟動國際人類基因組計畫。然而，由於人類基因組計畫可能為開發新藥等醫療層面帶來巨大恩惠，因此由克萊格・凡特（J.Craig Venter）領導的民間企業塞雷拉基因組公司（Celera Genomics）也開始投入人類基因組定序，與由美國政府領導、日本也有參與的政府研究團隊展開激烈的競爭。

在為此計畫投入大量的金錢後，用來為DNA鹼基序列定序的設備「DNA定序儀」的性能有了長足的進步。然後在2000年，政府研究團隊和塞雷拉基因組公司幾乎同時宣布「人類基因組計畫」大致結束，為雙方的競賽畫下了休止符。在1953年華生與克里克首次發表DNA結構的50年後，「人類基因組計畫」在2003年總算正式宣告完成。

這項計畫不只為人類的基因組，更把人類基因組前後尚不清楚作用的DNA序列包含在內的所有鹼基序列（30億組鹼基對）全部定序，為此後分子生物學的研究方法帶來巨大的改變。過去，科學界都是一個一個分析單獨的基因，在發現新的基因後再來調查這個基因的功能；但在人類基因組計畫完成後，從這項計畫得到的龐大資料中挖掘出有用資訊的「資料探勘法」成為新的主流。

從人類基因組計畫中得到的知識，不僅有助於發現導致疾病的基因和改善疾病的診斷方法，更間接發展出針對個別病患量身訂做診斷和治療方式的「客製化醫療」。

客製化醫療對癌症的治療有很大的幫助。舉例來說，過去對於乳癌患者一律採用相同的外科療法或化療，但現在卻能調查病患的基因類型，判斷哪種抗癌藥物對病患最有效。如此一來，便能讓病患接受最適合其體質的治療方式。

日本人來自哪裡？

——從基因一探祖先走過的路

人類和猴子，在遺傳上究竟有多大的差異呢？如果能知道這一點，就有可能推測出人類的祖先和猴子是從什麼時候開始分道揚鑣的。事實上，科學家已在2005年完成黑猩猩的基因組定序，並發現人類與黑猩猩的基因只有1.23%的差異。不過30億組鹼基對的1.23%，就相當於3690萬組鹼基對，這個數字可是一點都不小。從鹼基的差異來推算，可知人類的祖先大約是在距今700～800萬年前與黑猩猩的祖先分道揚鑣的。

那麼，人種間的差異又是如何呢？首先，關於人類在哪裡誕生這點，我們已經在1－12「人類是在哪裡誕生的？」一節說明過了，所以這裡我想**從世界各人種的基因分析，推測日本人是從哪裡來的**。

自1980年代起，在生物的系統分析領域，細胞粒線體中的短環狀DNA「**粒線體DNA**」便一直受到關注。粒線體DNA是卵細胞與精子結合受精時，從母方的卵細胞繼承過來的。由於精子的粒線體會被全部丟棄，因此只要研究粒線體DNA即可知道母方的遺傳譜系。透過這項研究，科學家推測人類的祖先起源於非洲，然後才從非洲人（黑色人種）分化出高加索人（白色人種），再分化出蒙古人（黃色人種）。

儘管現在都稱為日本人，但日本民族其實是由北海道阿伊努到南方沖繩的各種不同人種組成的，在基因上也有很大的差異。日本民族中存在世界少見的M7a單倍群（Y染色體單倍群類型之一），雖然這種單倍群在阿伊努和琉球群島十分常見，在日本本島卻很少見，分布方式相當奇妙。

另外，由於只有男性擁有Y染色體，因此可以用Y染色體單倍群來追溯父方的遺傳譜系。進入1990年代，學界開始利用Y染色體的鹼基序列差異來調查日本人的遺傳譜系。研究結果發現，日本人大多屬於D2單倍群或O2b單倍群。其中D2單倍群在中國和朝鮮半島較少見，而在日本本島、沖繩、阿伊努則較常見，所以被認為是繩紋人的類型。而O2b單倍群發源於中國長江，在朝鮮半島和越南等地較多，被認為是將水稻引進日本的民族。

多虧了人類基因組計畫，科學家才得以利用DNA的各個部分來比較人種之間的差異。特別是**SNP（單核苷酸多型性，Single Nucleotide Polymorphism的簡稱）——容易在個體身上出現變異的鹼基**。在研究過100萬個SNP位點後，科學家得到了可信賴的資料。根據日本國立遺傳學研究所的齋藤成也等人的大規模研究，發現阿伊努人在遺傳方面與琉球人最接近，其次是住在本島中部的民族。另外，已知日本人與韓國人具有相同的單倍群，此結果也為一直以來的**「日本人二重結構說」提供了佐證，即日本民族分為自舊石器時代開始便在日本列島生活的繩文人，以及後來才移入的彌生人**。

圖 11 ● 日本人二重結構說

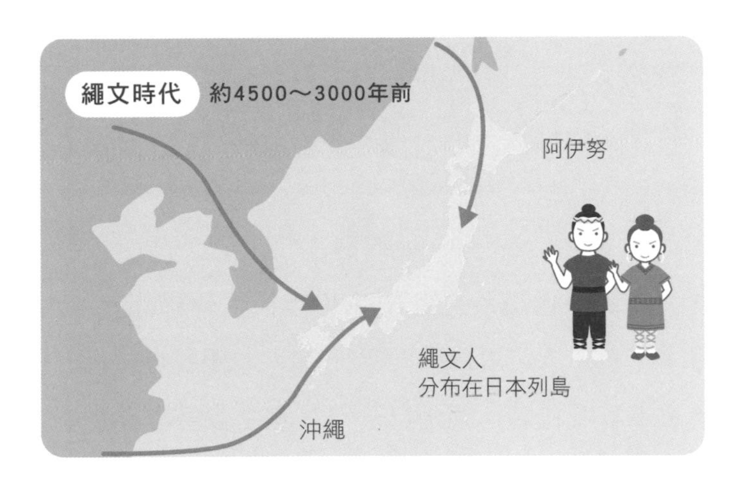

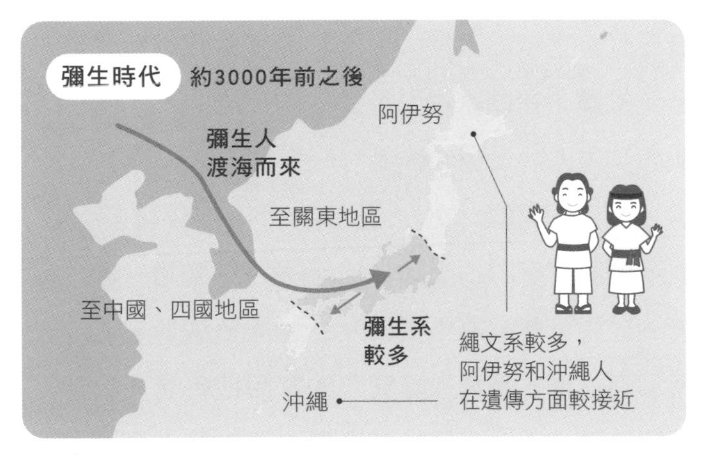

日本人大多易醉的原因

——關於乙醛脫氫酶2（ALDH2）的遺傳多型性

在日本，有的人可以千杯不醉，有的人卻只喝一杯就醉。因此大家在參加聚會喝酒時，明明自己不管喝多少杯都不會醉，卻看到有的人喝一口就滿臉通紅，一定會感到很不可思議吧。又或是反過來，當自己完全不能喝酒時，也可能會很納悶為什麼其他人都不能理解自己。確實，在歐美很少看見不能喝酒的人，而且也常常會有人提醒別和歐美人比酒量，因為必輸無疑。

那麼，為什麼有的日本人很能喝，有的人卻不能喝呢？這跟人體把由酒精分解而來的乙醛轉化成無害的醋酸此一能力有關。有很多日本人的體內分解乙醛所需的「**乙醛脫氫酶2（ALDH2）**」基因發生變異，而這種基因發生變異的人，即使只喝一點點酒，由於身體無法分解乙醛，因此酒精的毒性會引起身體出現各種反應，造成俗稱「酒醉」的症狀。一個人能不能喝酒，只要分析ALDH2基因其中一個SNP位點（單核苷酸多型性）的變異就能知道了，所以想知道自己到底能不能喝酒的話，可以委託相關單位進行檢查。以日本人來說，身上2個ALDH2基因（分別來自父方和母方）都是不易醉型（GG型）的人有50%多，其中之一是易醉型（GA型）的人有將近40%，兩者都是易醉型（AA型）的人則有5%左右。換句話說，每20人中就有1人是完全不能喝酒的類型。

如果試著比較日本國內的不同地區，北海道、東北、九州擁有不醉型ALDH2基因的人比例較高；中部、北陸、關西地區的比例最少。

圖12 ● **酒精分解能力的個體差異**

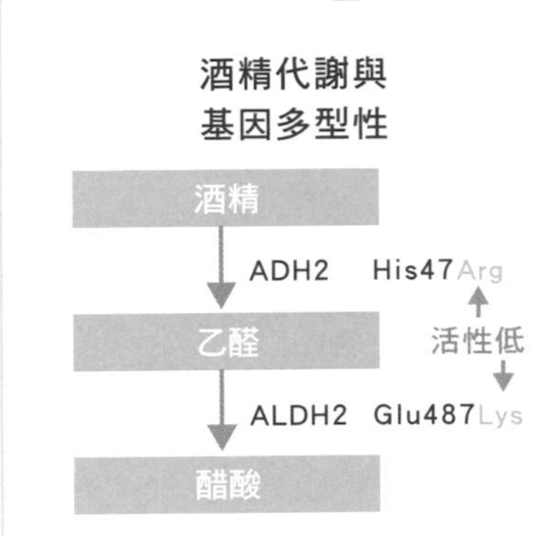

酒精的分解能力存在個體差異，而這個能力與乙醇脫氫酶2（ADH2）和乙醛脫氫酶2（ALDH2）的變異有關。將ADH2的第47個組胺酸His換成精胺酸Arg後，酵素活性就會明顯降低。另外，如果把ALDH2的第487個麩胺酸Glu換成離胺酸Lys，也會使酵素活性明顯降低。由於乙醛是導致酒醉的主要物質，因此ALDH2基因發生變異的人，體內較容易累積乙醛。換句話說比較容易酒醉。

圖13 ● **乙醛脫氫酶2（ALDH2）中會影響酵素活性的SNP（單核苷酸多型性）**

麩胺酸 Glu 487

G型　－ TACACT G AAG TGAAA －

A型　－ TACACT A AAG TGAAA －

離胺酸 Lys 487

圖14 ● 乙醛脫氫酶2（ALDH2）基因發生變異的人口分布

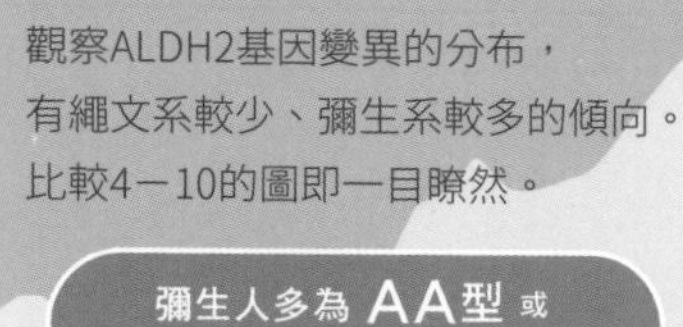

東北地區

觀察ALDH2基因，不易醉的GG型在東北和九州地區較多，易醉的AA型在中部、北陸、關西地區較多。

AA型較多的地區

繩文人 GG型

九州地區

第5章

動物的發育機制

先成論與後成論的爭論

——在基因被發現之前

大家會不會對雞蛋能孵出小雞這件事感到不可思議呢？雞蛋的結構看起來這麼簡單，居然只需20天就能孵出生理結構那麼複雜的小雞，感到不可思議也是很正常的事。

同樣地，對於「我們的身體究竟是如何形成的」這個疑問，科學家早在很久以前便充滿興趣。「人類的生理結構如此複雜，絕不可能無中生有，一定是先出現一個眼睛看不見的小人，再慢慢長大的」，以前的人會有這樣的推理或許也是理所當然。**自古希臘時代開始，人們便一直相信「雞蛋裡原本就存在著幼兒的雛形，然後才逐漸長大」，這種理論就叫做「先成論」**。

直到發明出顯微鏡，人類發現精子的存在後，由於精子比卵子更有活動力，因此科學家開始認為「幼兒的雛形」一定存在於精子內，而卵子只是為精子提供養分而已。甚至還出現精子的頭部內包覆著名為「何蒙庫魯茲」的「幼兒雛形」的素描畫。然而，卵子或精子內包覆著人體雛形的這種想法，在現代已被科學家否定。

現代的科學家認為，身體的形狀是在生命誕生的過程中逐漸長成的，而這個理論就叫做「後成論」。現在，我們已經知道人類的細胞中存在基因，也有人認為所謂人體的雛形其實就是一組基因，也就是基因組。雖然精子裡並沒有躲著一個小人，但的確藏著相當於人體設計圖的基因。於是，先成論和後成論之間的議論，在發現基因後有了重大的轉變。

圖 1 ● **先成論與後成論**

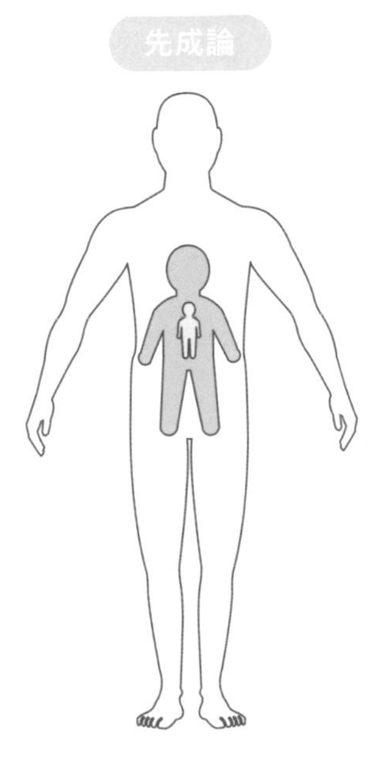

先出現一個看不見的小人，然後小人再慢慢長大

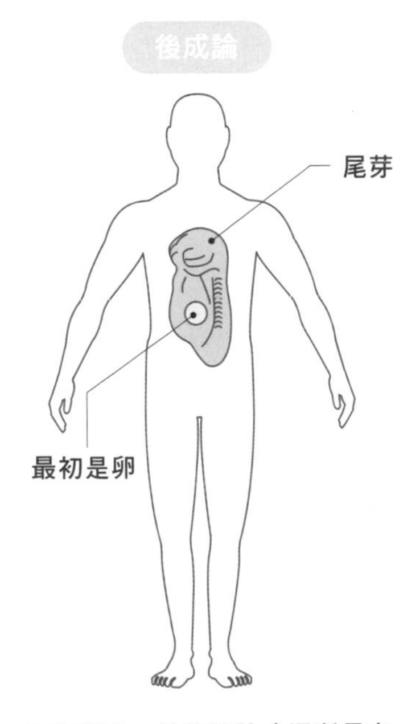

先有胚胎，然後胚胎才逐漸長出身體的不同部位

什麼是細胞的全能性？

——重置已喪失之全能性的技術

我們的身體是由眾多細胞構成的。這些細胞雖然都來自同一個受精卵，但在身體成形的過程中，逐漸分化成組成心臟、肝臟、肌肉等不同器官的細胞種類。**原本來自同一個受精卵的細胞，分化成具有不同功能的細胞，這個現象就叫做細胞分化**。

受精卵原本只有一個細胞，但這個細胞會進行多次分裂，分裂成許多細胞；這些細胞之後將組成人體所有的內臟和器官，因此受精卵本身必須具有可分化成任意一種細胞的能力。這種性質就叫做**全能性**。在受精卵不斷分裂的過程中，有些細胞會發生特化，變得只能分化成特定種類的細胞。這個現象就叫做**失去全能性**。而細胞在失去全能性後，如果仍具有可分化成肌肉細胞、血液細胞等多種細胞的能力，我們就稱此細胞具有**多能性**。

英國發育生物學家約翰・伯特蘭・格登（Sir. John Bertrand Gurdon）是世界上第一個證明**已分化的動物細胞核，仍具有使該細胞分化成所有細胞之能力**的人。他用紫外線照射非洲爪蟾的受精卵，破壞掉細胞核內的遺傳物質DNA，然後把從蝌蚪小腸採取的上皮細胞核植入受精卵，成功讓該受精卵發育成了蝌蚪。

這種使分化過一次的細胞核重新取回全能性的現象，就叫做**初始化**。格登因為這項成就，與成功製造出iPS細胞的日本京大學者山中伸彌，一同獲得了2012年的諾貝爾生理學或醫學獎。

圖 2 ● 非洲爪蟾的細胞核移植實驗

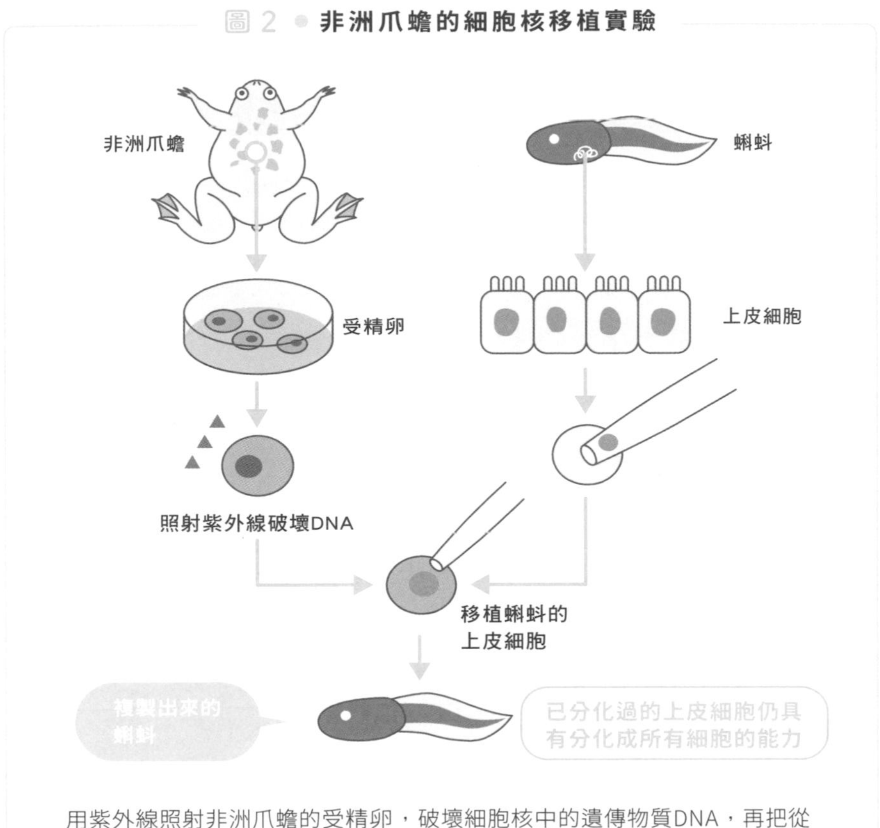

用紫外線照射非洲爪蟾的受精卵，破壞細胞核中的遺傳物質DNA，再把從蝌蚪小腸採取的上皮細胞核移植進去後，該受精卵依然發育成了蝌蚪。

從受精卵到胚胎成形

——海膽和青蛙的發育過程

一個細胞的大小大約是幾十微米（1微米等於1000分之1毫米），而這個大小基本上是固定的。一般認為是物理學的因素限制了細胞的大小。要將氧氣和養分運送至細胞各處，唯一的方法就是利用物質分子運動的「擴散作用」，所以如果細胞長得太大，細胞的表面積和體積的比例就會愈小，讓細胞內的某些部分陷入缺乏養分和氧氣的狀態。此外，以細胞核內的遺傳訊息合成的蛋白質，同樣只能靠擴散作用來移動，所以細胞太大的話，細胞核的命令就無法傳遞到整個細胞。

因此在動物的發育過程中，只有受精卵的大小比其他細胞大得多；而當開始發育後，大細胞會逐次分裂，使單個細胞的大小愈變愈小。在動物發育的各個階段中，細胞分裂得愈來愈多，體積卻愈變愈小的細胞分裂方式就叫做**卵裂**。跟正常的細胞分裂不太一樣。

讓我們來看看海膽的卵的發育過程。請看圖3。受精卵最初從1個變2個、2個變4個、4個變8個時，分裂後的細胞（卵裂球）大小都與原本相同；但之後細胞愈分裂愈小，變成像「桑葚果實」一樣的細胞團，因此這個階段的細胞又叫做**桑胚體**。然後桑胚體繼續進行卵裂會變成**囊胚**，逐漸移動到卵的表面，在中央形成空洞（卵裂腔）。

接下來細胞會經歷一個大事件。覆蓋受精卵表面的一部分細胞會開始往內部的卵裂腔掉落，然後該部位會逐漸伸長變成筒狀。此時期的胚胎名為**原腸胚**。而當掉落的細胞碰到另一側的表面後，便會與另一側的細胞相連，在卵的內部打開一條通道。這個中空管叫做原腸，之後會發育成生物的消化道。細胞最初凹陷的孔洞名為**原口**，這裡未來會變成肛門，而另一側的開口則會變成嘴巴。之所以在發育的初期就形成消化道，純粹是因為在動物演化的過程中，將食物攝取至體內並消化的機能，遠比大腦和神經系統、血管、肌肉

圖3 ● 海膽和青蛙的發育過程

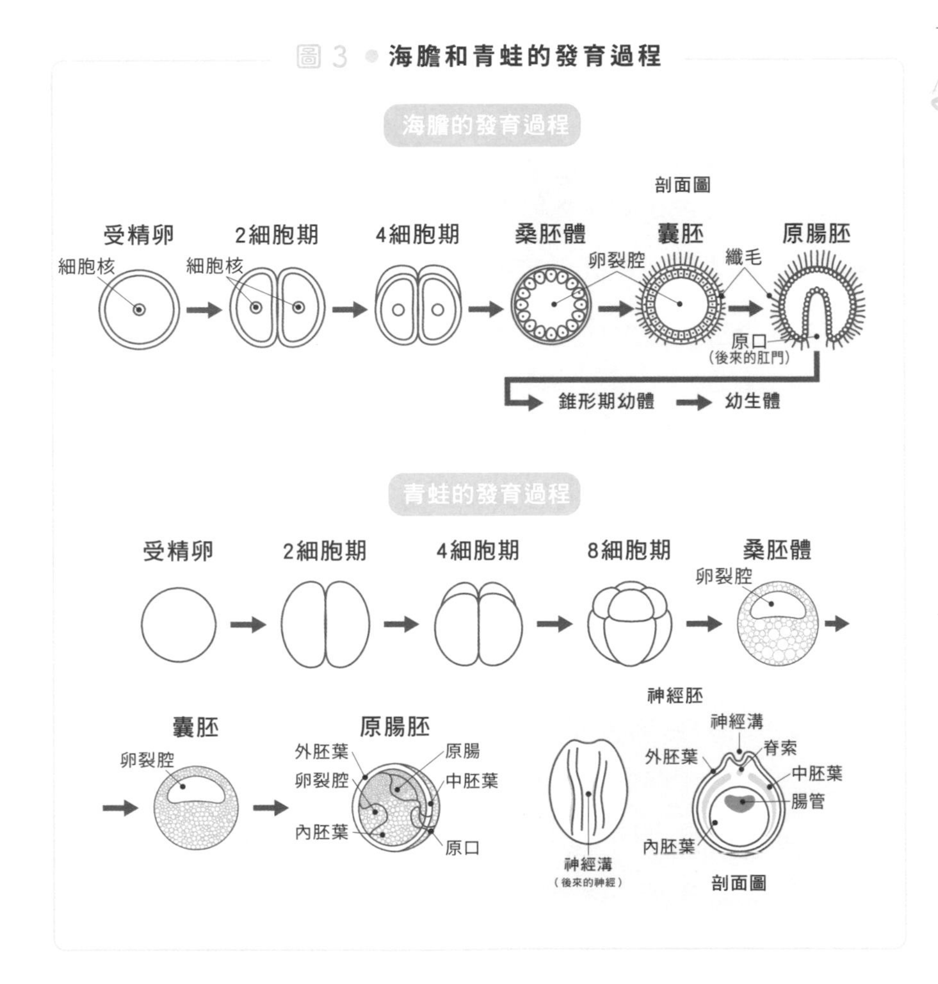

等重要得多。

原腸胚形成後，海膽會經歷錐形期幼體和幼生體階段，最後長成滿身尖刺的海膽；而包含我們人類在內的脊椎動物，還會發育成更複雜的型態。因此下面我們繼續來介紹青蛙的發育。

青蛙胚胎的發育過程，直到原腸胚的初期細胞從原口陷入胚胎內部形成原腸的階段，都跟海膽沒有兩樣；但由於青蛙卵的下半部（植物極）含有許多卵黃，因此原腸在生長的時候會逐漸包住植物極側。

另外，直到囊胚階段，胚胎表面都還只有一層細胞；但發育成原腸胚後，原口會陷入胚胎內部，使胚胎外層分化成外表面的**外胚葉**，內側的**內胚葉**，以及中間的**中胚葉**3個細胞層。這3個細胞層會決定未來形成的器官，外胚葉會發育出表皮和神經管，中胚葉會發育出肌肉和骨骼，內胚葉會發育出消化器官和肺。

在青蛙的發育過程中，原腸胚形成後，在胚胎表面未來會形成背部的部分會出現一條前後向的長溝。這條溝會陷入胚胎內部，形成一個前後向的長筒，變成**神經管**。胚胎表面長出神經管後，比較原始的動物會在體表長出可將外部刺激傳至體內的神經；而根據科學家的想像，高等動物的神經管後來陷入胚胎內，演化成了複雜的神經系統和大腦。

為什麼心臟全由心臟細胞組成，肝臟全由肝臟細胞組成？

——鈣黏蛋白的故事

我們的身體有許多內臟，分別負責不同的工作。但具體來說，心臟和肝臟有什麼不同呢？事實上，組成這些內臟的細胞種類都各不相同。把心臟的組織切分成一個一個獨立的細胞，每個心臟細胞也都會自主地跳動。另一方面，肝臟細胞卻不會像心臟細胞一樣跳動。此外，把心臟和肝臟的組織拆解開來，將心臟細胞和肝臟細胞放在一起培養，兩者也不會互相結合。相反地，心臟細胞會重新和心臟細胞相連，而肝臟細胞則會和肝臟細胞相連。

但為什麼心臟細胞只會和心臟細胞結合，而肝臟細胞只會和肝臟細胞結合呢？已知這與心臟細胞和肝臟細胞表面的一種**鈣黏蛋白**有關。鈣黏蛋白是日本京都大學的學者竹市雅俊在1984年發現的一種細胞黏附蛋白；如果進一步細分，這種蛋白一共有10種左右，而且不同細胞的鈣黏蛋白類型也不一樣。心臟細胞擁有心臟型的鈣黏蛋白，而肝臟細胞擁有肝臟型的鈣黏蛋白，所以心臟細胞只會和心臟細胞結合，而肝臟細胞只會和肝臟細胞結合。

鈣黏蛋白在細胞的表面排列成一直線，當一個鈣黏蛋白與其他細胞的同類鈣黏蛋白結合時，其旁邊的鈣黏蛋白也會互相結合，就像拉鍊一樣互相卡住彼此。

圖4 ● 非洲爪蟾的神經管發育及鈣黏蛋白的功用

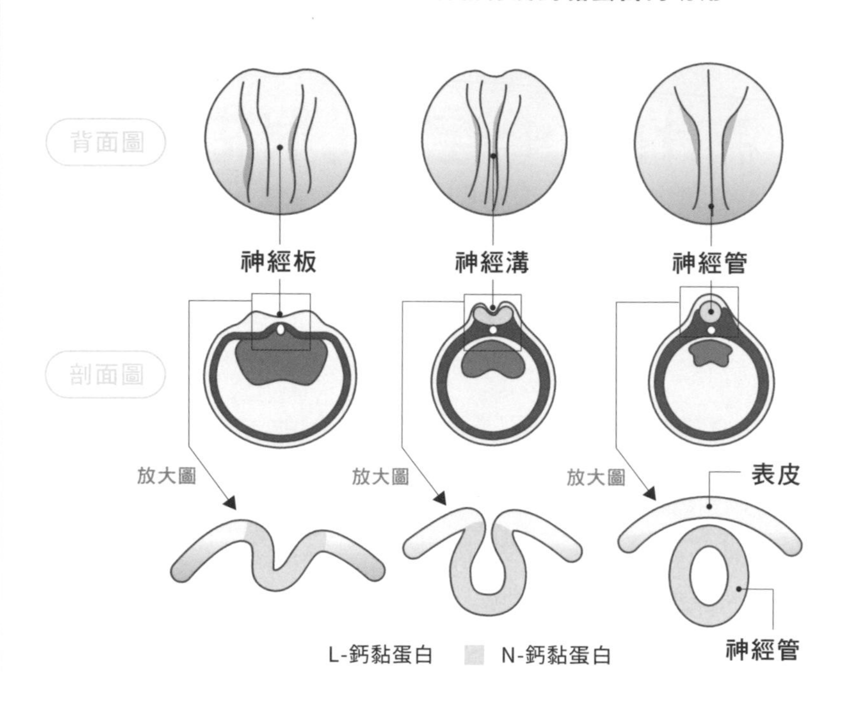

在脊椎動物的發育過程中，身體背側的部分會陷入身體內部，形成神經管。此時，表皮部分會產生L-鈣黏蛋白，神經管部分則會產生N-鈣黏蛋白，因此神經管會從表皮細胞分離。

鈣黏蛋白對動物的發育具有非常重要的功用。在前一節介紹過的神經管形成的神經胚階段，就有鈣黏蛋白的參與。首先，胚胎表面一部分細胞的鈣黏蛋白種類會從L-鈣黏蛋白變成N-鈣黏蛋白，並脫離表皮細胞。然後，帶有N-鈣黏蛋白的細胞會互相結合，形成前後向的細長管狀體，發育成神經管。

細胞的命運是如何決定的？

——組織者的真面目

在青蛙的發育過程中，從受精卵開始會經歷囊胚→原腸胚→神經胚→尾芽這幾個階段，而胚胎各部位的細胞會在過程中決定各自的**預定命運（presumptive fate）**，也就是未來將分化成哪種組織或器官的細胞。那麼，細胞的命運究竟是在哪個時期確定的呢？

德國發育生物學家沃爾瑟·沃格特（Walther Vogt）曾使用一種名為局部活體染色法的方法，研究蠑螈的早期原腸胚表面的細胞未來會分化成什麼組織或器官的細胞。這是一種用寒天片沾附低毒性的色素，按壓在胚胎表面上色，然後追蹤上色部分未來會變成哪個部位的方法。結果，他發現胚胎各部位的細胞，後來有的變成了神經，有的變成了表皮。於是他依照實驗結果畫出了蠑螈的早期原腸胚的預定命運圖（fate map）。

那麼，原腸胚表面的細胞命運是在哪個時間點決定的呢？德國發育生物學家漢斯·斯佩曼（Hans Spemann）為了解開這個問題，使用2種不同顏色的蠑螈胚胎，切下早期原腸胚預定發育成神經的區塊，移植到預定發育成表皮的地方。結果，預定神經區的移植片分化成了表皮。而相反的實驗，也就是將預定表皮區的切片移植到預定神經區後，也分化成了神經系統。由此可以推知，在早期原腸胚階段，細胞的命運仍未決定（參照圖5）。

然而，斯佩曼在神經胚階段進行相同的實驗，細胞的命運卻早就已經決定好了。預定發育成表皮的移植片分化成了表皮，而預定發育成神經的移植片則分化成了神經系統。從這個結果可以得知，細胞的命運是在原腸胚時期慢慢地確定，到了神經胚階段則已無法改變。

接著請看圖6。後來斯佩曼又繼續進行實驗，他將預定脊索區的原腸胚的原口上方部位（原口背唇部）移植到其他相同發育期的原腸胚側腹的預定表皮區後，發現那裡長出了另一個蠑螈的頭（次

圖 5 ● **使用早期原腸胚進行的交換移植實驗**

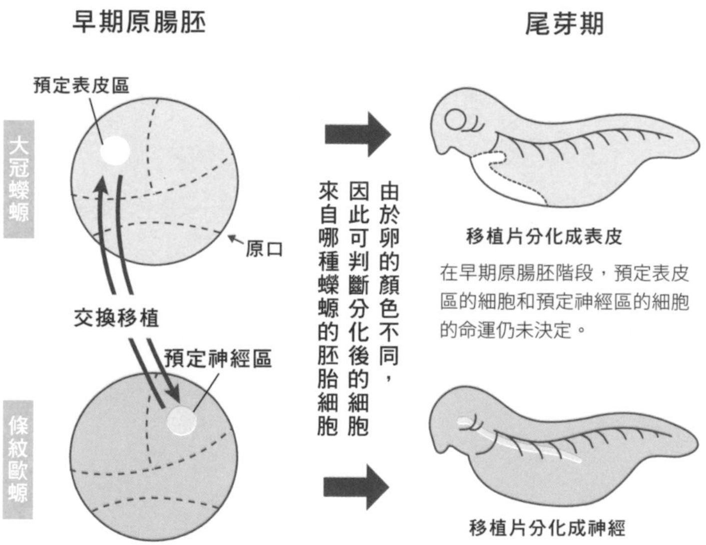

早期原腸胚
尾芽期
預定表皮區
大冠蠑螈
原口
交換移植
預定神經區
條紋歐螈
由於卵的顏色不同，因此可判斷分化後的細胞來自哪種蠑螈的胚胎細胞
移植片分化成表皮
在早期原腸胚階段，預定表皮區的細胞和預定神經區的細胞的命運仍未決定。
移植片分化成神經

對**神經胚**進行相同的實驗，來自預定表皮區的移植片分化成了表皮，而來自預定神經區的移植片則分化成了神經。
由此結果可知，細胞的命運在神經胚時期已經確定了。

級胚胎）。原口背唇部本身分化成了脊索，而且影響了附近的預定表皮區，發育出了神經管。於是斯佩曼將原口背唇部取名為**組織者（organizer）**，並將改變了預定表皮區的命運，產生神經管的現象稱為**胚胎誘導**。

斯佩曼在1924年發表了這項實驗後，全世界的發育生物學家也都如火如荼地展開各種實驗，想弄清楚這個組織者的真面目究竟為何，但花了超過60年的時間始終都找不到答案。直到1989年，日本橫濱市立大學的淺島誠等人才發現，誘發這種誘導現象的組織者，它的真面目原來是一種名為**激活素**的胜肽類荷爾蒙。

激活素原是一種可刺激腦下垂體前葉分泌濾泡刺激素（FSH）的物質，最早是在1986年於濾泡液中被發現；而淺島的團隊在實

圖6 ● **斯佩曼發現組織者的實驗**

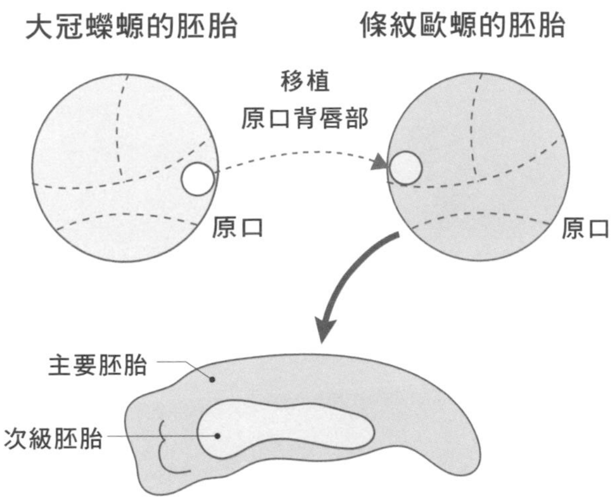

移植後的原口背唇部誘導了尚未分化的胚胎細胞，使其發育出神經管、體節，以及其他組織和器官，形成次級胚胎。
原口背唇部分泌的物質→組織者（organizer）。

驗中證明了這種物質不只是組織者，不同濃度的激活素還可以誘導肌肉和神經管等各種不同的組織。

前面和後面、肚子和背部的方向性是如何決定的？

——決定前後軸、腹背軸的基因

大多數動物的身體都有清楚的構造。換句話說，身體的前端有頭，正中間是胸，後面是腹部。除此之外，背側和腹側的構造也不一樣。

黑腹果蠅是一種對發育生物學研究有重大貢獻的小型蠅類。一如我們在基因和DNA的項目所介紹過的，這種蒼蠅常常被用於遺傳學研究。當這種蒼蠅發生突變，只要檢查一下身體的哪個部位出現異常，就能了解基因與身體發育的關係。

昆蟲的卵中央有很多富含營養的卵黃（中黃卵），只有卵的表面會發生卵裂（表裂），囊胚從側面看是橢圓形的。**青蛙的未受精卵是在精子進入時才決定前後左右，但果蠅的卵早在母體內形成時就已經決定好身體的前後左右**。卵子內存有一種名叫**bicoid**基因的mRNA，這種mRNA在胚胎的前方濃度最高，愈往後面濃度愈低。在卵子受精後，bicoid基因的mRNA會轉譯成蛋白質。bicoid蛋白質在胚胎的前方較多，愈往後方數量愈少，而身體的前後軸就是由這種蛋白質的濃度差異決定的。

要是bicoid基因損壞的話，前後軸就會變得不正常，出現前端和後端都長出後段身體的個體。另外，如果另一種名叫**dorsal**

（背的意思）的基因損壞，就會出現背側和腹側都長成背部的情況。知道這些基因究竟會影響身體的哪些部位，就能知道身體的前後和腹背是如何發育的。

果蠅的幼蟲（蛆）具有體節構造。而所謂的體節構造，就是多個相同的構造連在一起。

bicoid蛋白質會促進分節基因轉錄，至於究竟要轉錄哪種分節基因，則是由bicoid蛋白質的濃度決定。

不僅如此，**在身體發育成形的階段，還存在一種基因會決定每個體節的特徵**。像是果蠅的頭部長有眼睛和觸角，胸節長有翅膀和腳，而腹節則不會長出腳。如同我們在4－3說明過的，一旦**Antp（Antennapedia）**這種基因損壞，原本頭部長觸角的地方就會長出腳。這種身體的某個部位長在其他地方的現象，就叫做**同源異形（homeosis）**。

而至於引發同源異形這種現象的基因就叫做**同源異形選擇基因（homeotic selector gene）**。在調查過其他疑似同類基因的鹼基序列後，發現有180組鹼基序列非常相似的部分。這個部分被命名為**同源框（homeobox）**，而擁有同源框的基因就叫做同源異形基因。同源異形基因製造出的蛋白質會和DNA結合，使產生體節固有結構的一系列基因活化。因此只要同源異形基因正常工作，頭部的體節就會長出觸角，胸部的體節就會長出腳。

創造體節結構的基因

── 果蠅和人類共通的體節結構形成基因的故事

人類的身體從外表來看，並沒有像昆蟲那樣一節一節的構造；但在身體內部，尤其是觀察脊椎的部分，可以發現脊椎是由形狀相同的脊椎骨一塊一塊連接而成的。換句話說，人類的身體也跟昆蟲一樣具有體節。

在前一節介紹過的同源異形基因，目前已知該基因也存在於包含人類在內的脊椎動物身上，因此研究果蠅不只能了解果蠅，對於理解人類身體的發育過程也十分重要。

同源異形基因最具代表性的例子，就是**Hox基因群**。這是一種沿著身體的前後軸，告訴身體各部位該如何發育的基因簇，許多動物身上都存在Hox1～Hox13的基因簇，而且都位於同一條染色體上。在身體發育成形的時候，Hox1會決定頭部，Hox6會決定身體中央部位，Hox13會決定尾部，依照在染色體上的基因排列順序依序發揮功用。而在人類身上，由於基因重複的關係，Hox基因群會分別存在於4條染色體上，依序被命名為HoxA～HoxD。

以哺乳類來說，當Hox基因群發生突變時，會出現怎樣的異常呢？根據用老鼠進行的實驗顯示，當Hox基因群發生突變時，出現了完全沒有肋骨，或是在背骨後面也長出肋骨的個體。而在人類的世界，則有Hox13基因發生突變，使手指的數量變多，以及手指全部黏在一起的病例。

圖 7 ● 同源異形基因群與各基因影響的部位

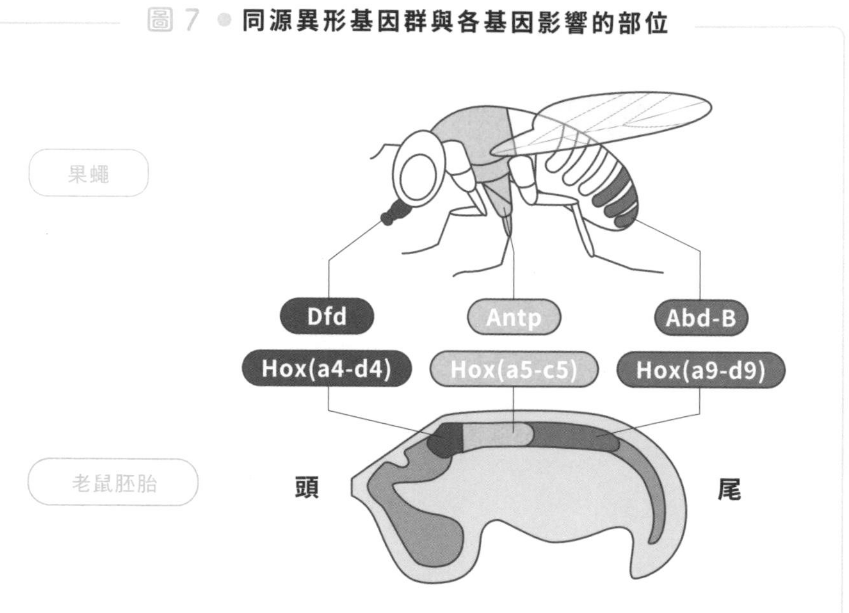

在老鼠的身上，也存在與果蠅的同源異形基因相同地位的基因。作用於果蠅頭部的Dfd基因，在老鼠的身上就相當於Hox(a4-d4)這4個基因。同樣地，Antp(Antennapedia)基因相當於Hox(a5-c5)這3個基因，Abd-B基因則相當於Hox(a9-d9)這4個基因。這些基因都位在同一條染色體上的相近位置，由左而右依序負責頭、胸、腹的發育。

手腳是如何形成的？

——肢芽細胞是如何知道自己應該在哪裡的？

我們的手腳是如何形成的呢？手和腳是來自於一種叫做**肢芽**（位於身體側面的突起物）的簡單結構。肢芽會隨著成長慢慢伸長，在這個過程中，內部會漸漸長出骨頭、肌肉、神經。肢芽的前端有個名為**頂端外胚層嵴（AER）**的部分。隨著肢芽生長，AER會分泌一種叫做FGF的分泌蛋白，讓位於AER正下方、正在進行分裂的細胞（增生區）知道自己的位置。被告知自己所在位置的細胞，便會啟動與所在部位對應的同源異形基因，從根部往末端逐漸長出手腳的結構。

然而，我們的手掌還有正反面，以及拇指側與小指側之分。這種手掌方向又是如何形成的呢？肢芽的後端有個名叫**ZPA（zone of polarizing activity：極性活動區）**的部分，可以決定手掌的拇指側到小指側的方向性。將ZPA移植到其他個體的肢芽前端，手就不會長成原來的模樣，而是長成鏡像般左右對稱的重複結構。ZPA會分泌一種由**音蝟因子（SHH）**製造的SHH蛋白，為周圍的細胞創造一個濃度梯度。細胞可以透過周圍的SHH濃度知道自己的位置，藉此決定手掌的方向性，進而產生指骨和肌肉等細微結構。

我們都知道手掌有5根手指，但我們的手並非在發育之初就有5根手指。相反地，最初我們的手就像哆啦A夢的手一樣（像一把圓扇），手指和手指之間沒有縫隙。事實上，我們的手指和手指之間，在發育之初是有細胞存在的，但後來那些細胞在發育的過程中自殺死亡，使相連的部分消失才產生了縫隙。這種**細胞主動自殺的現象就叫做細胞凋亡（細胞程序性死亡）**。

圖 8 ● **雞的肢芽發育與 ZPA 移植實驗**

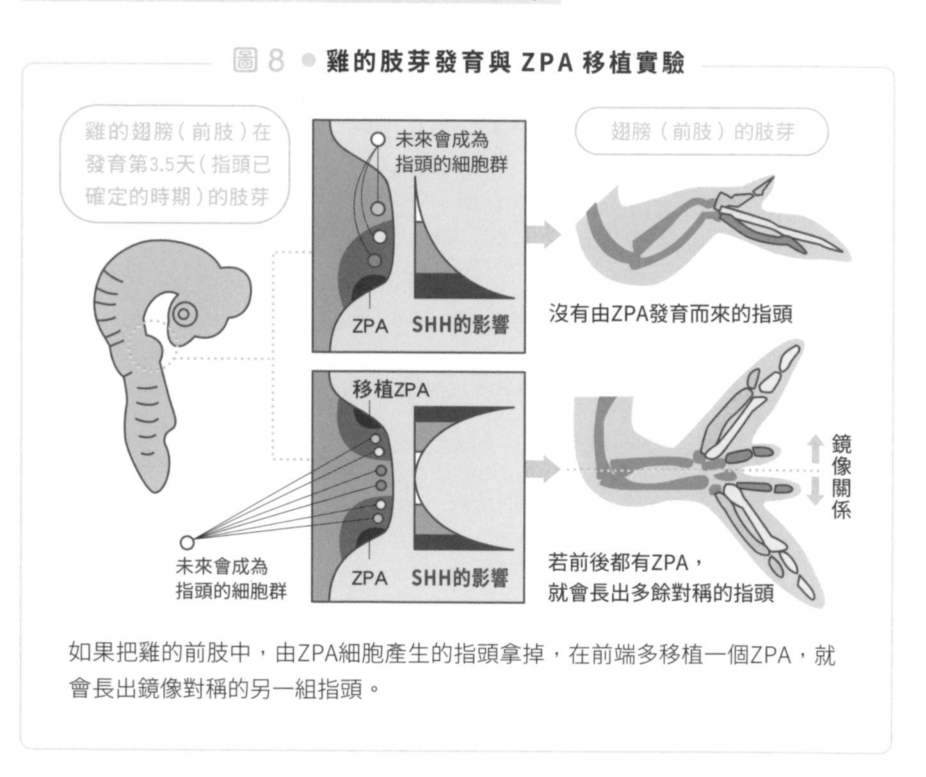

如果把雞的前肢中，由ZPA細胞產生的指頭拿掉，在前端多移植一個ZPA，就會長出鏡像對稱的另一組指頭。

複製羊「桃莉」的誕生與複製人

——體細胞複製的做法

我們在5－2也介紹過，英國發育生物學家格登在1986年，將非洲爪蟾蝌蚪的小腸上皮細胞的細胞核，移植到DNA已被紫外線破壞的受精卵中，成功讓受精卵發育成了蝌蚪。上皮細胞這種在體內分化的細胞稱為**體細胞**，而帶有跟親代完全相同之遺傳訊息的個體則叫做**複製體**，在這個實驗中，格登創造了一個青蛙的**體細胞複製體**。

在證明「體細胞的細胞核帶有與受精卵完全相同的遺傳訊息」後，許多研究者馬上想到哺乳類或許也可以進行體細胞複製，於是開始著手實驗。

1996年，世界上第一隻體細胞複製動物——桃莉羊誕生了。英國的羅斯林研究所取出一頭母羊的乳腺細胞核，將它移植到事先摘除了細胞核的受精卵中，利用化學方法刺激受精卵發育後，再放入另一頭母羊的子宮，使其發育成小羊，成功產下了桃莉。

桃莉身上所有的遺傳訊息（也就是基因組）全都跟母親完全相同。說得更簡單一點，**體細胞複製體與複製體的母代，就像是出生時間不同的同卵雙胞胎**。在成功用體細胞製造出複製羊後，科學家又陸續用同樣的技術創造出複製牛和複製老鼠。

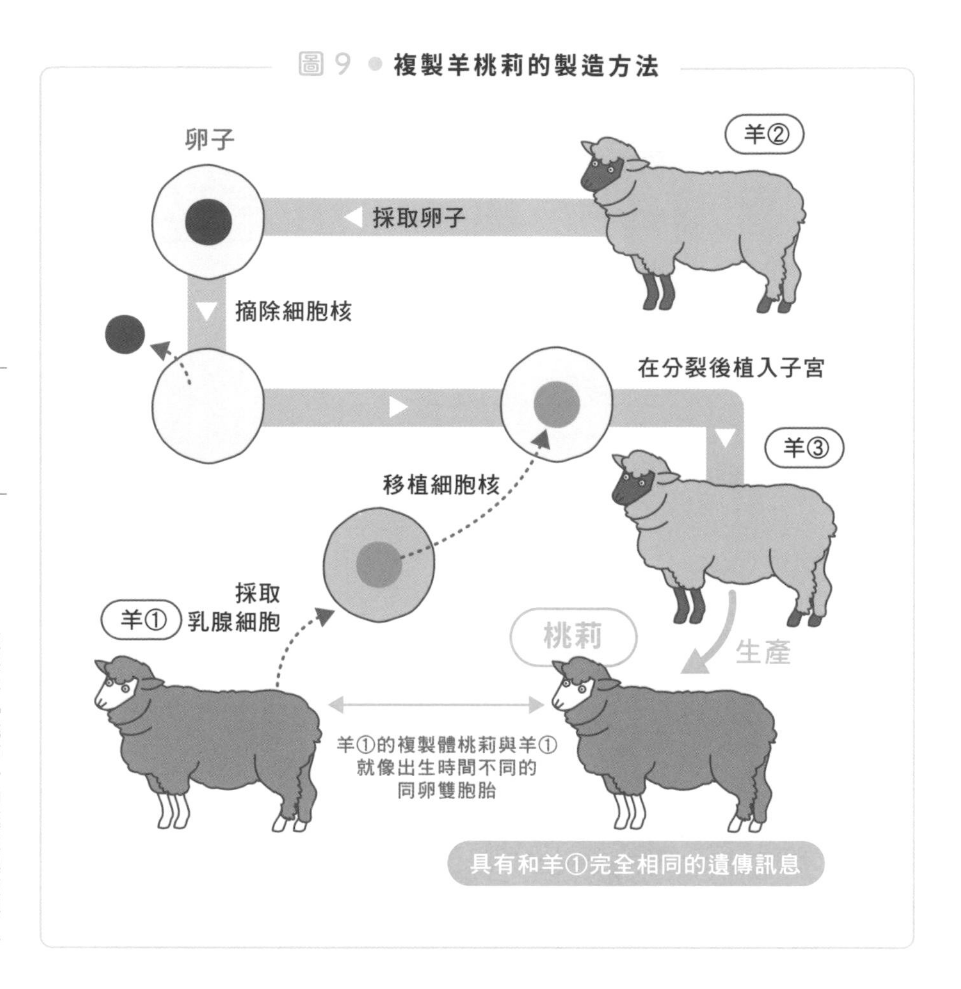

要是能利用已分化的體細胞核，透過各種方法恢復細胞的全能性，那麼過去許多辦不到的事情都將變成可能。譬如像《西遊記》裡的孫悟空使用「分身術」變出跟自己一樣的個體來跟敵人戰鬥，對人類而言似乎並非遙不可及。

2018年1月，中國的科學家宣布成功創造了複製猴。發育生物學界原本認為複製人在技術上仍有困難，因此利用體細胞成功複製出近似人類的食蟹獼猴這則新聞發表後，立刻震驚了全世界。研究團隊將食蟹獼猴的體細胞核移植到其他猴子的卵子內，並分別植入

21隻母猴的子宮，結果有6隻猴子成功懷孕，並有2隻小猴誕生下來。儘管成功率依然很低，但複製人的技術又往前邁進了一步，這也讓複製人的誕生多了幾分可能性。

然而，從生命倫理的角度來看，複製人可以被允許嗎？如果人類真的掌握了利用體細胞複製人的技術，這就代表我們將破壞一個原本可以正常發育成人類的受精卵。許多宗教組織都對此表達了反對的立場。此外，有關複製人的社會地位也是一大問題。現在許多先進國家都禁止創造複製人，但是也有人擔心在那些未被禁止的國家，或許仍有些人正在偷偷地進行複製人的研究。

生物之窗

iPS細胞的誕生
——在體細胞內人工植入基因的粗暴技術

在體細胞複製的社會問題被拿出來大肆報導的那時候，ES細胞的問題也被許多人一同拿出來討論。**ES細胞是胚胎幹細胞（embryonic stem cell）的簡稱**。由於在受精卵發育初期的ES細胞（卵裂球）具有多能性，因此破壞初期胚胎取出ES細胞進行培養，並加入各種化學藥品，就能使其分化成科學家想要的特定細胞。然而，要取得ES細胞必須破壞受精卵或初期胚胎，這項行為有違生命倫理，所以相關研究受到許多限制。

2006年，日本京都大學的山中伸彌等人成功製造出**誘導性多能幹細胞（iPS：induced pluripotent stem cell）**。他們只從外部將4個基因植入由老鼠皮膚採取的纖維母細胞中，便成功製造出擁有多能性的**iPS細胞**。而在創造出iPS細胞後，就不再需要破壞受精卵來取得ES細胞。

當時，由於複製羊桃莉是針對已分化的乳腺細胞核進行化學處理來恢復細胞的全能性，因此很多研究者嘗試利用各種化學物質，想要讓細胞初始化。因為從常識上來說，體細胞所有的遺傳訊息都與受精卵相同，所以沒有人想到要把新的基因植入體細胞內。山中伸彌等人則顛覆了當時的常識，成功製造出iPS細胞。

無論如何，山中等人在製造iPS細胞上的成功，成為將研究者從複製生物和ES細胞的生命倫理問題中解放出來的契機。現在，iPS細胞被認為具有可應用於再生醫療和藥理學的潛力。其中最受到世人注目的，就是將iPS細胞以人工方式分化出的組織移植到人體，使因疾病或意外而失去的內臟或組織恢復正常機能的「再生醫療」。然而，iPS細胞分化出的細胞是否會在體內變成癌細胞呢？或是移植後的組織能不能正常運作呢？目前還有許多問題有待解決。

另一方面，從肌肉萎縮症等遺傳疾病患者身上採取細胞，應用於藥理學的藥物測試也備受期待。未來，相信iPS細胞的研究將會愈來愈盛行，希望這些研究能應用於醫療領域，儘早拯救受罕見疾病所苦的病患。

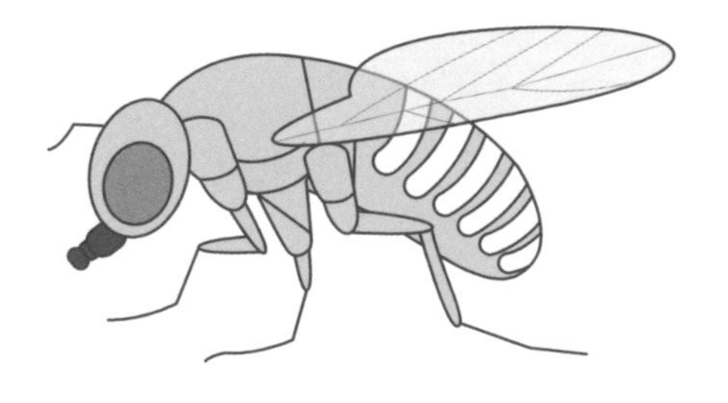

第6章

維繫生命的機制

——代謝、發酵、光合作用

什麼是代謝？

——生物體內的物質代謝與能量代謝

生物的生命活動究竟是怎麼一回事呢？除了種子等休眠中的生物外，提到生命活動，大家想到的應該都是①身體成長變大；②繁殖後代，增加數量；③持續進行運動和代謝等活動；又或是④合成和分解各種物質。

在生物所擁有的各種特徵中，最具有生命躍動感的，應該就是「生物會持續轉化物質，進行活動」。這裡所說的活動指的就是**代謝**。這個詞的意思與新陳代謝相同，指的是生物從外界攝取物質當成原料合成新的物質，或是分解該物質轉換成別的物質。

生物合成、分解物質的行為叫做**物質代謝**，物質代謝會伴隨著能量的流動。意思是，合成糖和蛋白質等複雜的有機化合物會消耗能量，分解這些有機化合物則可產生能量。而在代謝的過程中，能量的重要性勝過物質的代謝行為，便叫做**能量代謝**。

物質代謝又可分為將多種物質組合成另一種物質的**同化代謝**，以及將一種物質分解成多種物質的**異化代謝**。

同化代謝的代表例是**光合作用**。光合作用是一種碳酸的同化代謝，植物會利用太陽光的能量，以二氧化碳和水為原料合成葡萄糖等碳水化合物，然後產生氧氣（關於光合作用的部分，在後面的章節會詳細介紹）。

其他同化代謝的例子，還有核酸、胺基酸、蛋白質等的合成。由於合成這些物質需要消耗能量，因此生物會把能量儲存在ATP（三磷酸腺苷）這種物質內，在需要時分解它來取得能量。

另一方面，異化代謝的代表例則有呼吸作用、發酵、腐敗等。關於呼吸作用和發酵，我們會在後面的章節進一步詳述。

圖1 ● 什麼是代謝？

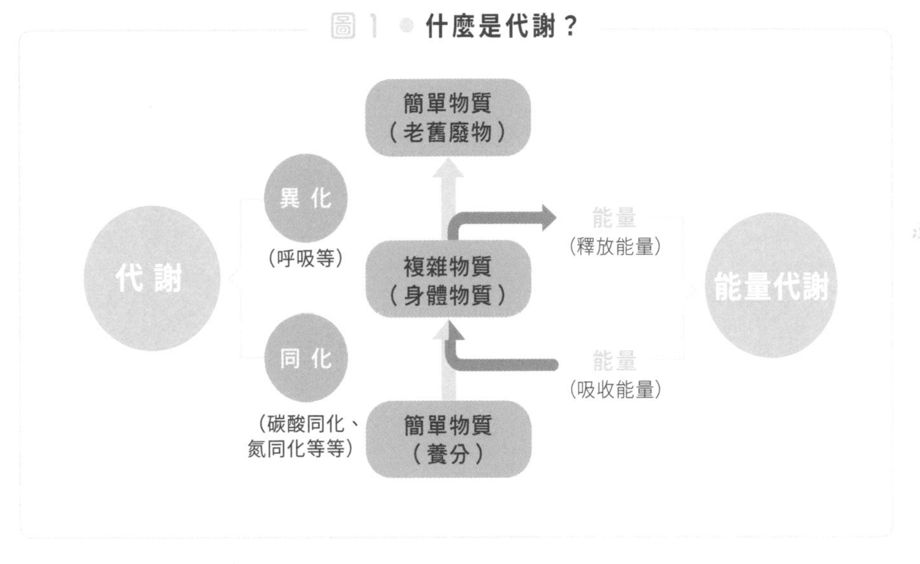

什麼是酵素？

——酵素為什麼被稱為生物觸媒？

不借助生物的力量，將紙張分解成二氧化碳和水的唯一方法就是燃燒。換句話說就是點燃紙張，把紙張加熱到數百度的溫度，分

圖2 ● 什麼是酵素？

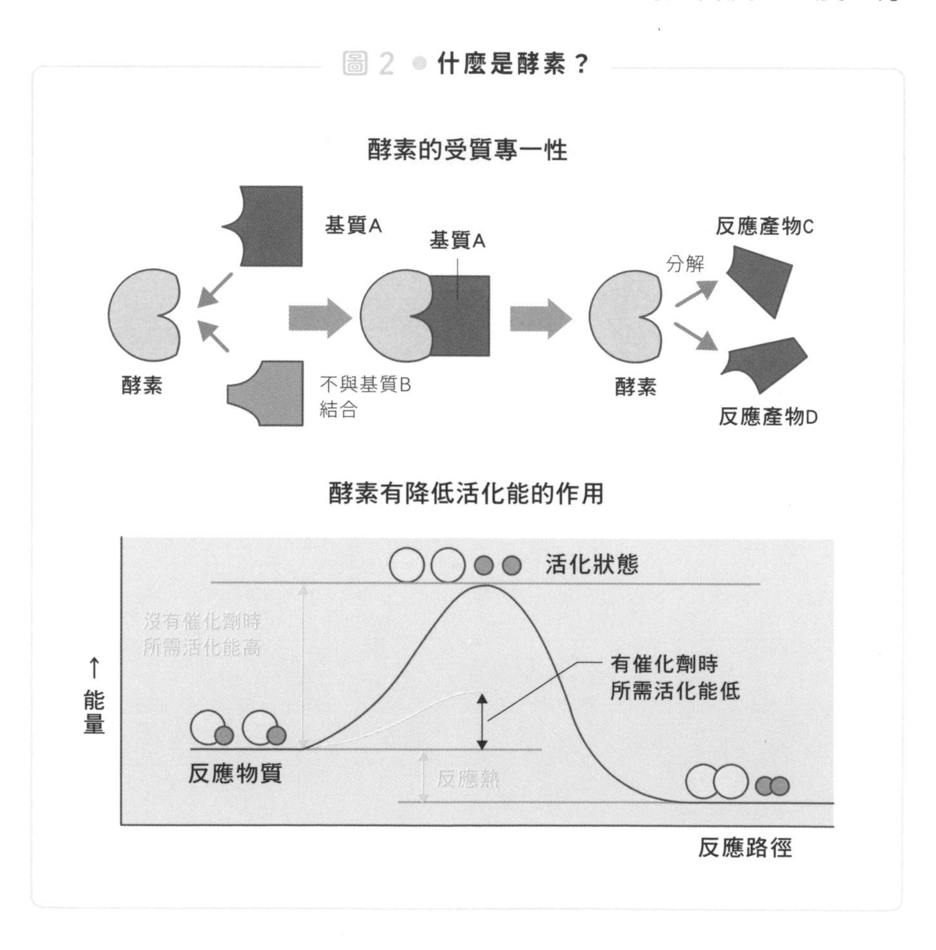

解紙張內的纖維素等碳水化合物。不過，同樣是分解纖維素，生物體內卻不需要達到數百度的高溫。這種暫時性的高溫叫做**活化能**，是啟動化學反應時必要的能量。

但在生物體內需要的活化能很少，只需36°C左右的體溫就可以啟動化學反應。而讓生物體內產生化學反應所需的活化能大幅減少的功臣，就是**酵素（enzyme）**。大多數的酵素都是由蛋白質組成，而且人體內含有很多種不同的酵素。酵素對可與其結合的物質（**基質**）種類非常挑剔（**受質專一性，substrate specificity**），能夠減少特定化學反應所需的活化能。

這種可以減少化學反應的活化能，使物質更容易發生反應，但自己在反應前後卻沒有變化的物質叫做**催化劑（觸媒）**。由於酵素具有催化劑的性質，又是由生物體製造而成，因此又稱**生物觸媒**。

呼吸有2種？

——外呼吸和內呼吸的不同

提到呼吸，我們腦海中浮現的通常是把空氣吸進肺部，再把空氣吐出肺部這件事。也就是「吸吐」的行為。在生物學上，這叫做**外呼吸**，跟本節要介紹的**內呼吸**是不同的。所謂的內呼吸就是細胞進行的呼吸作用（又稱**細胞呼吸**），這是細胞從外部攝取養分（醣類等）和氧氣，在細胞內分解並產生生命活動所需的能量，再排出二氧化碳和水的呼吸作用。

內呼吸（細胞呼吸）又可分為分解葡萄糖等碳水化合物轉化成丙酮酸的**糖解作用**，以及利用氧氣將丙酮酸分解成二氧化碳和水的**檸檬酸循環（TCA循環）**及隨其而來的**電子傳遞鏈**。

首先來說明糖解作用。糖解作用是把葡萄糖（glucose）內所含的高能量轉化成生物能夠利用的物質的過程。在糖解作用中，葡萄糖會被轉化成各種不同的物質，但因為這些物質的名字都很複雜難記，對於不擅長背化學名詞的人來說恐怕很難記憶，所以這裡我們只介紹糖解作用的幾個重點。

以葡萄糖（glucose）為起點，在糖解作用中產生的物質的碳數變化是很重要的關鍵。葡萄糖含有6個碳原子，而反應到最後產生的丙酮酸只有3個碳原子。換句話說，1分子的葡萄糖可以分解成2分子的丙酮酸。

此時，生物並不只是單純地破壞葡萄糖分子，而會先讓帶有高能量的磷酸與葡萄糖結合。在反應性提高後，再將其分解成2個分子，然後經歷一系列的過程，最後分解成丙酮酸。糖解作用是在細胞的細胞質基質中進行，即使沒有氧氣也能產生反應。

在激烈運動後如果不按摩肌肉的話，隔天肌肉就很容易痠痛僵硬。這是因為肌肉使用了糖解作用得到的ATP反覆收縮，而糖解作用中產生的丙酮酸若沒有氧氣就會被還原成乳酸，堆積在肌肉中。

如果要把丙酮酸繼續分解成二氧化碳和水，就需要用到檸檬酸循環。

那麼，緊接著就來看看檸檬酸循環吧。在生物學上，**檸檬酸循環**擁有很多不同的別名。檸檬酸循環這個名字，來自其反應過程的代表性物質檸檬酸。而**TCA循環**的TCA是tricarboxylic acid cycle

圖 3 ● **糖解作用的反應路徑**

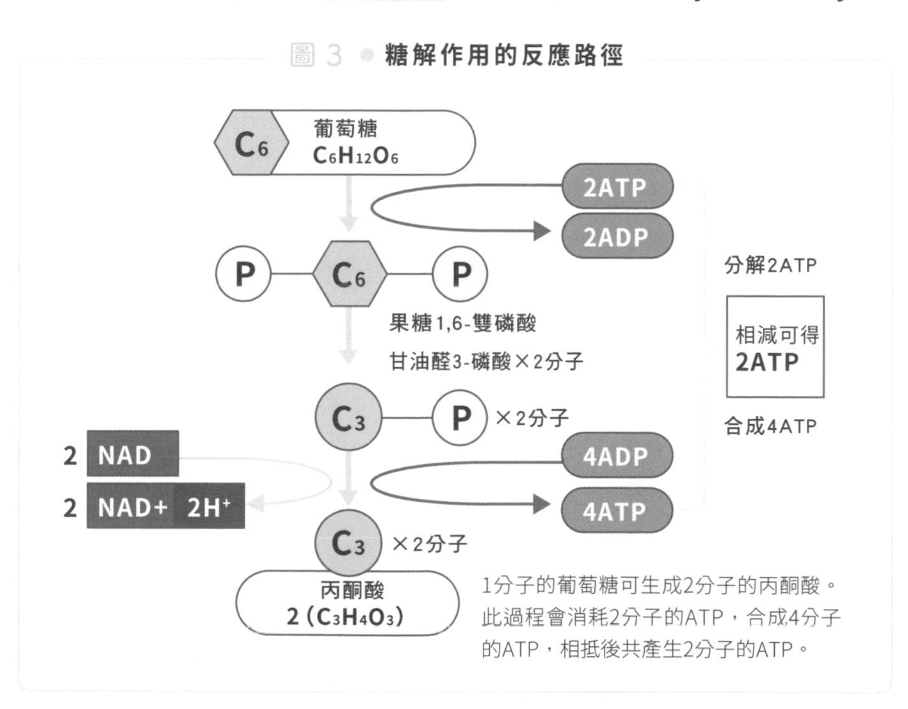

1分子的葡萄糖可生成2分子的丙酮酸。此過程會消耗2分子的ATP，合成4分子的ATP，相抵後共產生2分子的ATP。

的縮寫，翻譯成中文的話就是**三羧酸循環**。另外，也有人依其發現者漢斯・克雷布斯（Hans Adolf Krebs）的名字稱之為**克雷布斯循環**（Krebs cycle）。這個反應與普通的線性反應路徑不同，反應最後的產物**草醯乙酸**可再與**乙醯輔酶A**結合，不斷循環反應下去。

檸檬酸循環始於丙酮酸轉化而成的乙醯輔酶A（acetyl-CoA）與草醯乙酸結合。在這個反應中就跟糖解作用一樣，把焦點放在生成化合物的碳數上會更好理解。

也就是說，丙酮酸的碳數是3，而丙酮酸拿掉1分子的二氧化碳之後就變成乙醯輔酶A，碳數為2。然後乙醯輔酶A會與碳數4的草醯乙酸結合，合成碳數為6的檸檬酸。當檸檬酸再變成其他物質時，便如圖4所示，碳數會從6→5→4依序遞減，這個過程中會釋放出二氧化碳，並產生由NAD或FAD與氫結合而成的NADH或$FADH_2$。這些物質會被運至電子傳遞鏈，用來合成ATP。

TCA循環與電子傳遞鏈都發生在粒線體內，需要用到氧氣讓這些物質進行氧化反應。

糖解作用和TCA循環相比，合成的ATP分子數差異很大。糖解作用為了讓1分子的葡萄糖與磷酸合成，需要用掉2分子的ATP，而糖解作用最後可產生4分子的ATP，相抵之後等於只能產生2分子的ATP。相對地，TCA循環和電子傳遞鏈可合成的ATP一共有34分子，效率高達糖解作用的17倍。**在演化的過程中，演化出氧氣呼吸能力的生物可利用TCA循環，所以跟不會呼吸氧氣的生物相比，生命活動更加活潑**。

圖 4 ● 檸檬酸循環（TCA 循環）

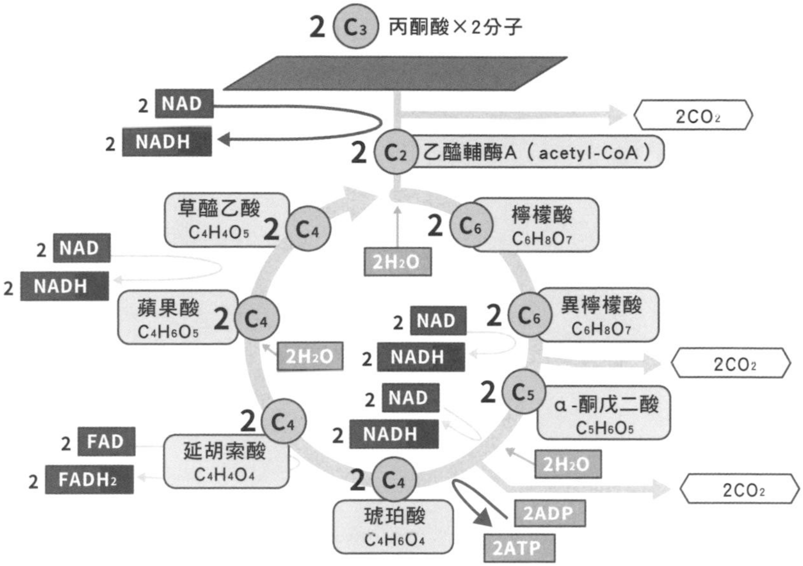

2 C_3 丙酮酸×2分子

2 NAD
2 NADH
$2CO_2$
2 C_2 乙醯輔酶A（acetyl-CoA）
草醯乙酸 $C_4H_4O_5$ 2 C_4
2 C_6 檸檬酸 $C_6H_8O_7$
$2H_2O$
2 NAD
2 NADH
蘋果酸 $C_4H_6O_5$ 2 C_4
$2H_2O$
2 NAD
2 NADH
2 C_6 異檸檬酸 $C_6H_8O_7$
$2CO_2$
2 NAD
2 NADH
2 C_5 α-酮戊二酸 $C_5H_6O_5$
2 FAD
2 $FADH_2$
2 C_4 延胡索酸 $C_4H_4O_4$
$2H_2O$
$2CO_2$
2 C_4 琥珀酸 $C_4H_6O_4$
2ADP
2ATP

TCA 循環

此圖以1分子的葡萄糖為反應起點。因糖解作用可產生2分子的丙酮酸，故本圖以丙酮酸為出發點。

圖5 ● 電子傳遞鏈

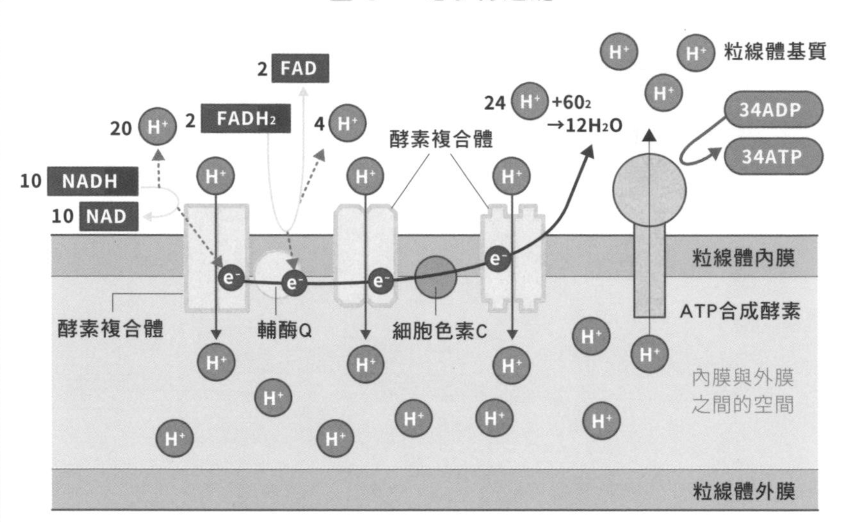

呼吸的電子傳遞鏈是由存在於粒線體內膜的酵素和輔酶構成的。糖解作用與TCA循環產生的氫會經由NADH和$FADH_2$運至粒線體內膜，接著被分離成氫離子(H^+)和電子(e^-)。電子被傳遞後，氫離子會從粒線體基質側被送到內膜與外膜之間的空間。於是，內膜兩側的氫離子濃度會形成梯度。而ATP合成酵素會利用氫離子往基質側流動時產生的能量，將ADP合成為ATP。

6-4 什麼是發酵？

——不使用氧氣的異化代謝系統

發酵食品這個詞，我想大家應該都聽過。日本人自古便創造了味噌、醬油、納豆等許多發酵食品。那麼，所謂的**發酵**在生物學上究竟是指什麼樣的化學反應呢？

從狹義上來說，發酵指的是微生物在無氧狀態（厭氧條件）下分解醣類等有機物，並產生酒精或有機酸、二氧化碳等產物。發酵反應與糖解作用非常類似，尤其是微生物的乳酸發酵，在從葡萄糖轉化成丙酮酸的部分跟糖解作用完全一樣，只是變成在無氧狀態下轉化成乳酸而已。

而廣義上來說，除了微生物在無氧狀態中進行的發酵外，利用氧氣使有機物氧化的醋酸發酵也是一種發酵。

酒精發酵是一種由酵母菌等微生物將葡萄糖分解成乙醇（C_2）和二氧化碳，並合成ATP的代謝作用。在酒精發酵的過程中，首先會進行糖解作用，將1分子的葡萄糖轉化成2分子的丙酮酸。這個過程會合成4分子的ATP，並消耗2分子的ATP，相抵後可產生2分子的ATP。接著丙酮酸會失去1分子的二氧化碳變成乙醛，再經由還原反應變成乙醇。

發酵是微生物合成ATP以獲得生命活動所需能量的反應，因此發酵過程中產生的酒精和有機酸等物質，其實都是微生物製造出的副產品。然而，在利用微生物的人類看來，這些副產品才是能當成發酵食品的有用產物。

發酵食品除了日本酒、啤酒、燒酒、紅酒等酒精飲料之外，還包括味噌、醬油、醋等調味料，以及起司、優格等乳製品，還有麵包、納豆等各式各樣的食品。細數一下這些發酵食品，便會發現我們的生活中，其實許多食品都是發酵而成的。

圖 6 ● 酒精發酵的反應路徑

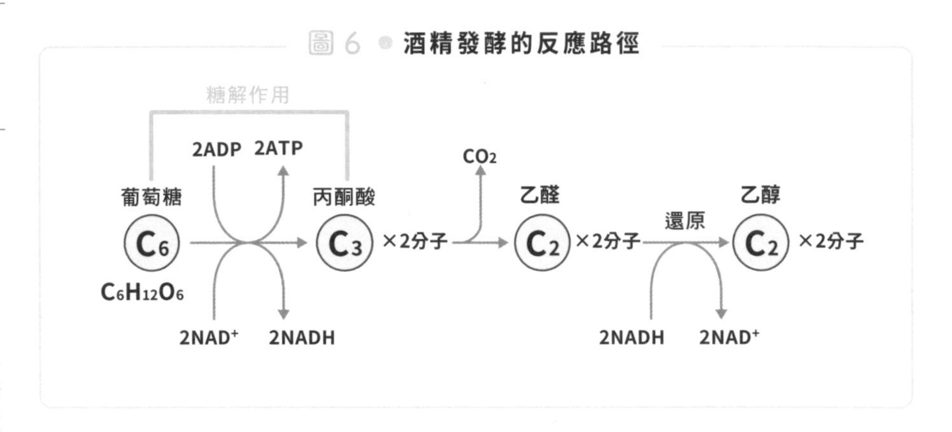

螢火魷是如何發光的？

——生物發光的原理

在這個世界上，存在很多種會發光的生物。譬如大家都認識的螢火蟲和螢火魷，其他還有會發光的夜光蘑菇、海螢、管水母、深海魚等，很多生物都有發光的能力。

那麼這些生物究竟是怎麼發光的呢？生物發光是由一種名叫**螢光素**的有機物及其氧化而成的**螢光素酶**這種酵素產生的。不過，螢光素並非一種單一的物質，例如螢火蟲發光是利用螢火蟲螢光素，海螢發光是利用海螢螢光素。另外，螢光素酶具有受質專一性，螢火蟲螢光素可被螢火蟲的螢光素酶分解，卻沒辦法被其他生物的螢光素酶分解。

另一方面，也有些生物完全不利用螢光素和螢光素酶來發光。譬如管水母這種水母，就是利用體內所含的**綠色螢光蛋白（GFP：green fluorescent protein）**來發光。管水母體內除了GFP外，還含有另一種叫做**水母素**的蛋白質，可以跟綠色螢光蛋白結合形成複合物。

水母素會感知細胞內鈣離子發出的藍光，而GFP接受到藍光後便會發出綠色的螢光。GFP這種蛋白質的結構中含有會發光的發色團，不需要酵素就可以發光，**因此將這種蛋白質的基因移植到其他生物的基因中，便能創造出會發光的生物**。藉由組合某些特定基因和GFP基因，即可只讓受到該基因影響的身體部位發光。

由於植入GFP的細胞和生物（被利用在老鼠和魚類等各種生物上）對於生物學和醫學有許多重大的貢獻，因此解開了管水母發光之謎的海洋生物學家下村脩也在2008年獲頒諾貝爾化學獎。

植物是如何獲得養分的？

——光合作用的原理

為什麼大多數植物的莖和葉都是綠色的呢？這和植物的光合作用有關。莖和葉的細胞中含有名為**葉綠體**的胞器，而葉綠體內的**葉綠素**這種色素可以有效吸收紅光和藍光，進行光合作用。另一方面，因為綠光的光合作用效率並不佳，所以葉綠素並不太會吸收綠光。因此，葉子反射的綠光比紅光和藍光多，植物的莖和葉看起來才會是綠色的。

那麼，接著來說明光合作用的原理吧。光合作用是綠色植物以從空氣中吸收的二氧化碳，以及從根部吸收的水分為原料，利用光能合成葡萄糖和澱粉等養分，並排出用不到的氧氣的作用。

當植物的葉子照到光，葉綠素、類胡蘿蔔素、藻膽素等光合色素便會吸收光能。這些色素可大量與蛋白質結合，變成一個接收光線的天線。光合色素接收到光能後，色素會進入激發態（帶有能量的狀態），然後將能量傳給旁邊的色素。而能量會像這樣一一傳遞下去，在色素間不斷繞圈圈。

最後，這些能量會被一種叫做**反應中心**的特殊色素蒐集，並引起化學反應。反應中心分為2種：光系統I和光系統II。從根部吸收的水（H_2O）會在這裡被分解成氫和氧，而2個氧原子會結合成分子狀態的氧氣（O_2），從氣孔釋放到空氣中。

另一方面，在此過程中釋放出的氫和電子，會從光系統II移動到光系統I，在多種物質之間傳遞。氫最終會被傳遞給NADP，合成NADPH這種物質。此外，還會在電子傳遞鏈中被合成為ATP。

NADPH和ATP會被當成能量來源，將二氧化碳（CO_2）合成葡萄糖和澱粉等碳水化合物。這個反應鏈依其發現者的名字被稱為**卡爾文循環**或**卡氏循環**。

在卡爾文循環中，**二磷酸核酮醣羧化酶（RuBisCO）**這種酵素會催化含有5個碳的RuBP（核酮糖-1,5-二磷酸，又叫做二磷酸核酮醣）這種物質與二氧化碳結合，生成2個含有3個碳的PGA（3-磷酸甘油酸）這種物質。換句話說，從碳數來看就是5＋1＝3×2。

然後PGA會轉化成一種叫做甘油醛3-磷酸（GAP）的三磷酸（三碳醣磷酸），一部分被用於合成葡萄糖和澱粉。至於剩下的三磷酸則會再次變成RuBP，使用於結合二氧化碳的反應。由於反應系統中相同的物質一直在繞圈圈，因此才被稱為循環。

圖 7 ● 光合作用的原理

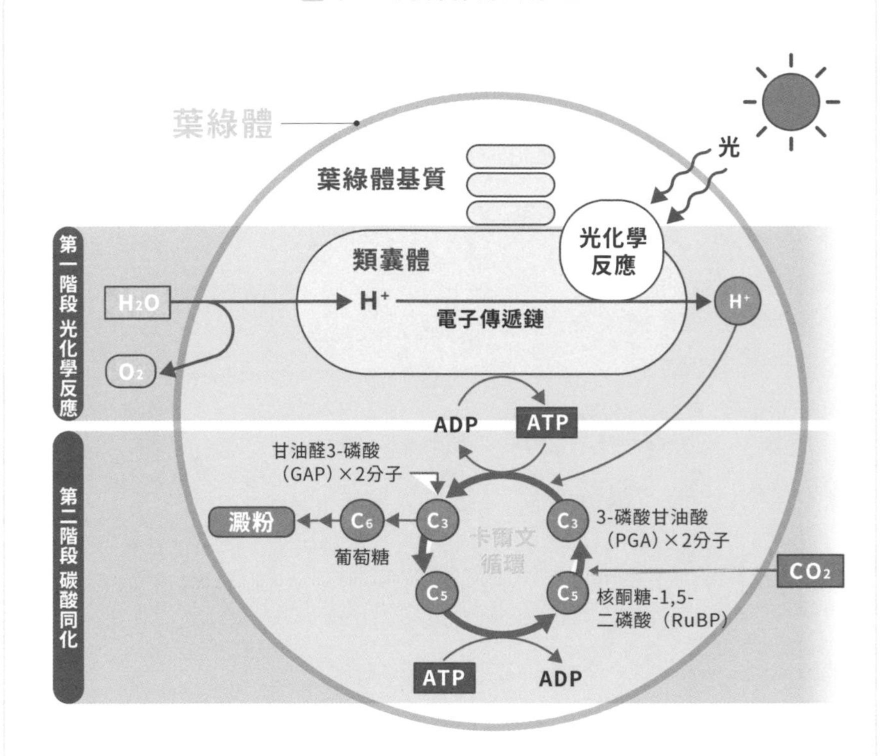

光合作用的第一階段，是由光能引發的光化學反應。此反應發生在葉綠體的類囊體上。第二階段是由葉綠體基質內的酵素引起的碳酸同化。這個反應路徑被稱為卡爾文循環，它會利用第一階段製造出來的ATP和NADPH，以二氧化碳為原料合成醣類。

生物將空氣中的氮攝入體內的原理

——固氮作用的故事

植物要行光合作用，就必須吸收空氣中的二氧化碳並用根部吸取水分。這些物質中含有氫、碳、氧這3種元素。另一方面，要合成胺基酸和蛋白質，除了這3種元素外還要再加上氮。

明明氮氣在空氣中所占的比例高達78.1%，為什麼我們卻不能直接利用氣體的氮來合成胺基酸與蛋白質呢？

事實上，空氣中的氣體氮在化學上非常穩定，幾乎不會與其他物質起化學反應。有機體要吸收性質如此穩定的氮氣，必須利用微生物的**固氮作用**這種特殊的方法。

番薯和豆科植物（如紫雲英和豌豆等）即使在不肥沃的土地也能長得很好，那是因為這些植物的根部可以和一種名叫**根瘤菌**的特殊細菌共生。根瘤菌能將空氣中的氮固定在有機物中，而根瘤菌的宿主可以利用根瘤菌獲取氮化物，當成自己的養分來利用。另一方面，**屬於厭氧菌的梭菌**與**屬於嗜氧菌的固氮菌**則可以在土壤中獨立生存，這些細菌也會進行固氮作用。

包含根瘤菌在內的固氮細菌擁有一種名為固氮酶的酵素，這種酵素會把空氣中的氮轉化成氨NH_3。氨雖然也是氣體，但很容易溶於水變成NH_4^+（銨離子）。在根瘤菌體內，銨離子會與麩胺酸這種胺基酸合成，變成其他種類的胺基酸或含有氮元素的有機化合物；又或者被根瘤菌排到土壤中，然後被硝化細菌（亞硝酸菌或硝酸菌）轉化成硝酸鹽，變成植物可利用的物質。

植物從土壤中吸收硝酸鹽後，會將其還原成NH_4^+，用於胺基酸的合成。植物就是這樣在體內把氮元素合成胺基酸和蛋白質，然後動物再吃掉植物，獲取這些含有氮元素的化合物。

生物之窗

沒有光也能合成有機物的生物的故事
——化學合成的故事

光合作用可以把二氧化碳和水合成碳水化合物，而這個過程需要利用光的能量，這個我們在前面已經解釋過了。所以在完全沒有光照的地方，由於綠色植物無法生存，理論上不可能合成出足以供養生物的碳水化合物。而既然得不到養分，那麼這些地方照理說不可能有生物存活。

然而，在光線無法抵達的深海和地底下，我們已知仍有微生物棲息。科學家探勘過深海後，發現在海底熱泉附近，別說是微生物了，甚至還有羽織蟲（管蠕蟲）、湯花深白蟹（*Gandalfus yunohana*）、白瓜貝（*Calyptogena soyoae*）等貝類和深海魚棲息，演化出了豐富的生態系。因此，棲息在光線完全無法抵達的海底熱泉附近的生物，究竟是如何獲取養分的，成為十分受生物學界關注的一大問題。

海底熱泉會噴出硫化氫和甲烷、氫等無機物。而**化能菌**可以透過氧化這些無機物來獲得能量，再利用這個能量來合成碳水化合物。

生物反應與調整的機制

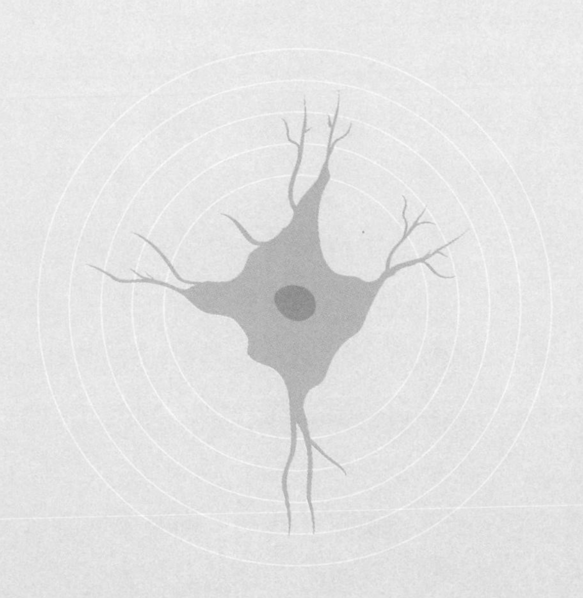

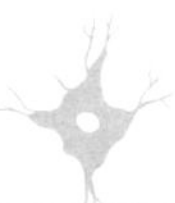

肌肉是如何收縮的？

——肌肉的構造與肌肉收縮的原理

大家在彎曲或伸展手臂的時候，肌肉也會跟著一起伸縮。以往至今，科學家便對肌肉可以伸縮這件事感到很不可思議。因為說到可以伸縮的東西，多數人一定會想到橡膠對吧。沒錯，有很長一段時間，肌肉也被認為和橡膠一樣可以伸縮。

然而，根據現代的常識，**我們已經知道肌肉的伸縮原理與橡膠完全不同**。想認識肌肉的伸縮，首先就要說明肌肉的細微構造。附著在骨頭上的肌肉稱為骨骼肌，將這種肌肉放在光學顯微鏡下，可以觀察到與肌肉伸縮方向垂直的條紋。這種條紋叫做橫紋，而有橫紋的肌肉就叫做**橫紋肌**。

讓我們把橫紋肌放在電子顯微鏡下仔細觀察吧。橫紋上有明亮的部分（明帶：I帶）和陰暗的部分（暗帶：A帶）；明帶上有一種由肌動蛋白的蛋白質鏈組成的**細肌絲（thin filament）**，暗帶則是由細肌絲和含有肌凝蛋白的**粗肌絲（thick filament）**整齊排列而成。

當肌肉收縮時，明帶的長度會縮短，而暗帶的長度不變，所以粗肌絲會擠入細肌絲之間，使肌肉整體的長度變短。

那麼，引起肌肉收縮的機制又是什麼呢？不知道大家有沒有在激烈運動後，雙腿抽筋痛得不得了的經驗呢？這種現象跟牛奶等食

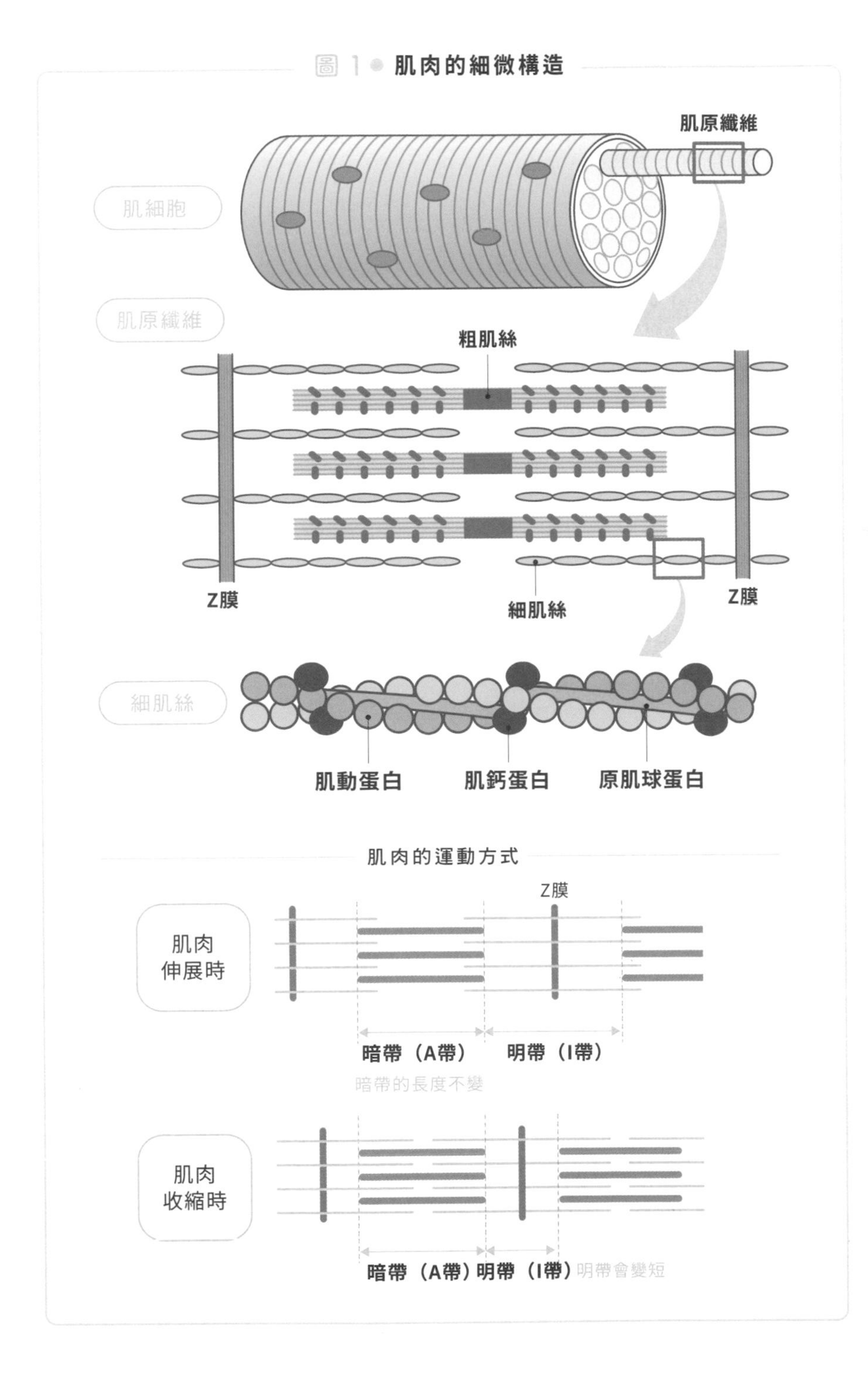
圖1 肌肉的細微構造
肌原纖維
肌細胞
肌原纖維
粗肌絲
Z膜
細肌絲
Z膜
細肌絲
肌動蛋白
肌鈣蛋白
原肌球蛋白
肌肉的運動方式
Z膜
肌肉
伸展時
暗帶（A帶）
明帶（I帶）
暗帶的長度不變
肌肉
收縮時
暗帶（A帶）明帶（I帶）明帶會變短

品中富含的**鈣離子**有關。鈣質不只能構成我們的骨骼，也是啟動肌肉收縮的重要物質。當肌肉疲勞時，一種名叫**肌漿網**的網狀結構會將儲存的鈣離子釋放到肌原纖維中，讓肌肉強烈收縮。這就是「腳抽筋」的原理。

　　肌肉收縮時，從肌漿網釋放出的鈣離子會與肌肉細肌絲上的**肌鈣蛋白**這種蛋白質結合。然後，肌鈣蛋白的立體結構會變化，使細肌絲的肌動蛋白和粗肌絲的肌凝蛋白可以相互作用。肌凝蛋白會利用分解能量物質ATP所產生的能量，拉動含有肌動蛋白的細肌絲。

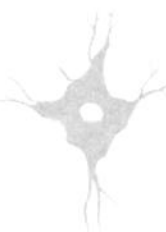

神經是如何快速傳遞興奮的？

——神經興奮與跳躍式傳導的故事

不知道大家有沒有不小心碰到加熱後的高溫水壺，大叫著「好燙！」而急忙把手縮回來的經驗呢？如果此時繼續把手放在高溫的水壺上，就會被嚴重燙傷。

我們之所以能及時把手縮回來，都得歸功於指尖的神經迅速把「熱」的訊號傳到脊髓，然後脊髓再立刻下達「把手縮回來」的指令。那麼從手指到脊髓，神經訊號是如何在神經網絡中傳遞的呢？

一如圖2所示，神經細胞是一種很特別的細胞，大致上可分為

圖2 ● 神經細胞的構造

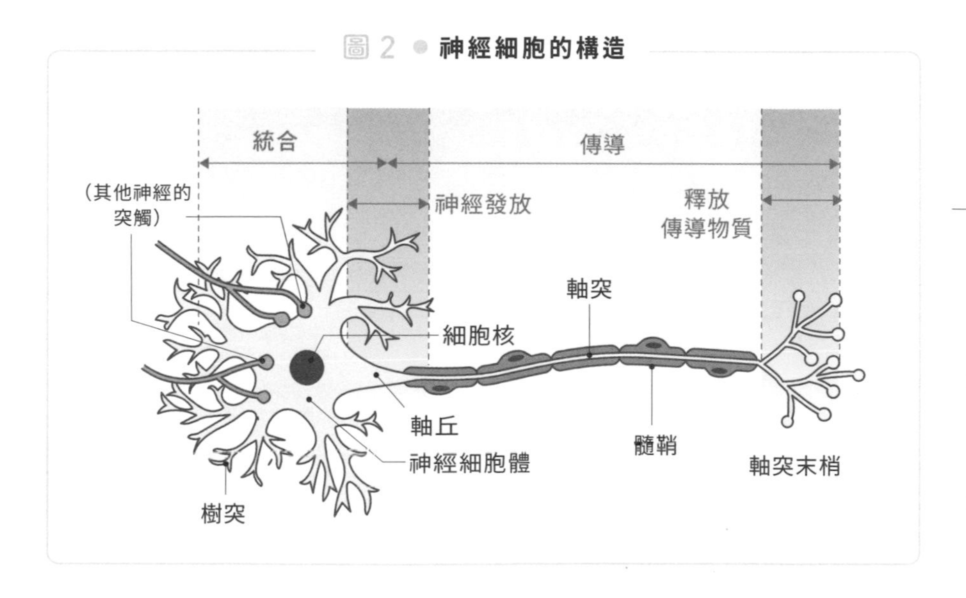

神經細胞體、長**軸突**，以及軸突末稍的**突觸**這三大構造。來自外界的刺激會從神經細胞體通過軸突到達軸突末梢，再傳遞至下一個神經細胞。

接著請看圖3。當神經處於未興奮狀態時，神經細胞內側的電位會比外側低，實際測定的電位差約為－70mV。這個狀態叫做**靜止電位（靜止膜電位）**。此時如果用一根針刺激軸突，受刺激部位的電位會逆轉（又叫做**去極化**），使內側的電位變得比外側高，實際值約在＋30mV左右。這個狀態就叫做**動作電位**。

然而，動作電位不會維持很久，很快就會恢復到靜止電位。神經內外的電位之所以會發生改變，是因為神經細胞膜上有可供鈉離子（Na^+）和鉀離子（K^+）通過的離子通道。當神經興奮時，鈉離子通道會打開，使大量鈉離子一次從外面流入。由於細胞內的正離

圖3 ● 神經興奮時的動作電位紀錄

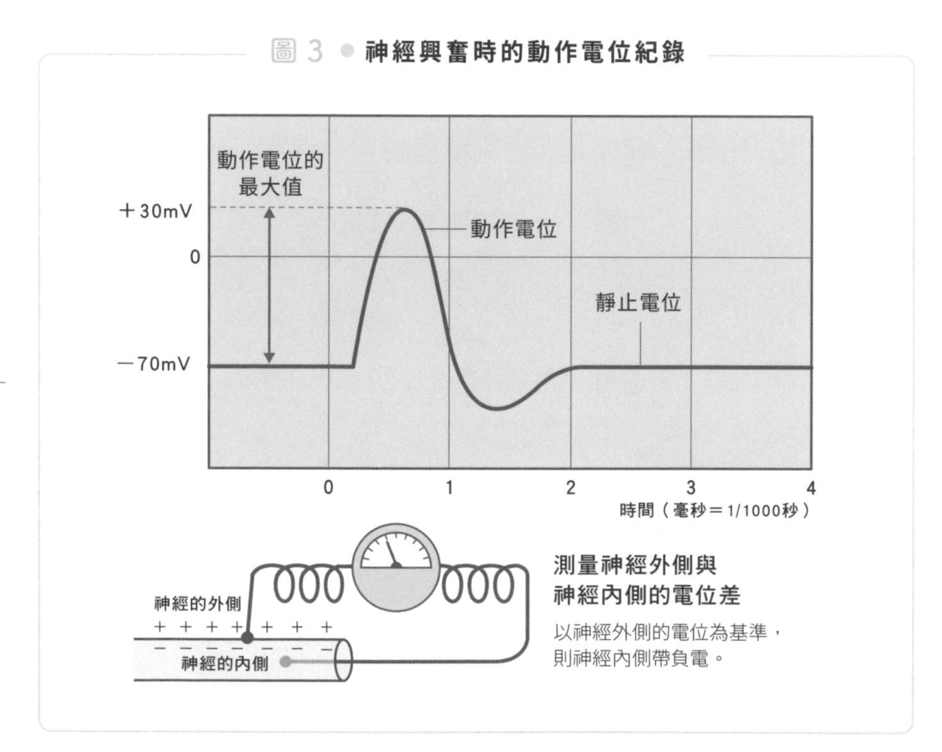

圖4 ● 神經興奮與離子通道

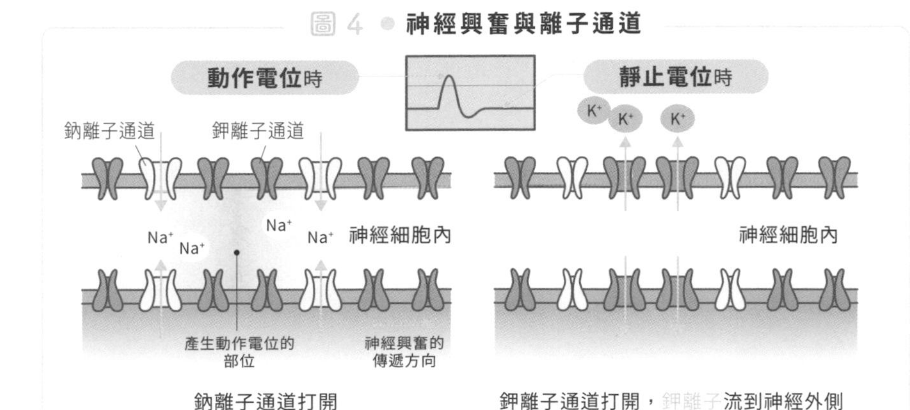

鈉離子通道打開，讓鈉離子一口氣從細胞外流進細胞內，使得細胞內的電位高於細胞外。

子一次大量增加，內側的電位就會變高。不過，鉀離子通道在下一瞬間會跟著打開，將細胞內的鉀離子推到外面。所以動作電位很快又會下降，恢復到靜止電位。

那麼，為什麼神經興奮可以如此快速地傳遞呢？高等動物的神經屬於**有髓鞘神經**，軸突表面包覆著一層叫做髓鞘的絕緣體。同時軸突上也有很多沒被髓鞘包覆的部分，這些部位叫做**蘭氏結**。由於只有蘭氏結上才有離子通道，因此電流會直接通過被髓鞘覆蓋的部分，迅速將刺激傳遞至蘭氏結上的離子通道（參照圖5）。由於神經興奮是一節一節地傳遞，所以又叫做**跳躍式傳導**。

前面說過，神經興奮可以在神經細胞內雙向傳遞，感覺神經會將刺激從身體末端傳遞至大腦等中樞神經，而運動神經會將大腦等中樞神經的命令傳遞至身體末端，換句話說神經興奮的傳導具有方向性。這是如何辦到的呢？

其祕密就在於神經細胞與下一個細胞之間。在神經軸突末稍有種名叫**突觸**的特殊結構，而在突觸上，神經興奮是單向傳遞的。當神經興奮到達突觸時，突觸小泡會將內部物質釋放到**突觸間隙**（神經細胞與下一個神經細胞間的微小縫隙）。其中包含一種叫做**乙醯膽鹼**的神經傳導物質。當乙醯膽鹼到達下一個神經細胞後，下一個神經細胞就會開始興奮，並將刺激單向傳遞下去。

圖 5 ● **跳躍式傳導的示意圖**

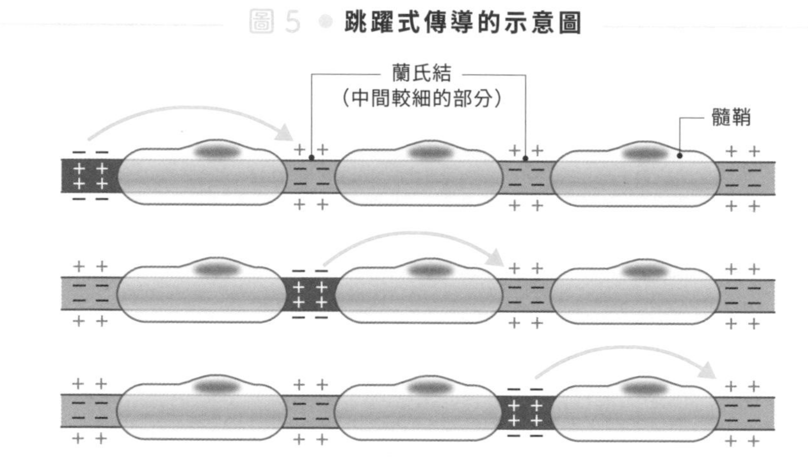

有髓鞘神經的軸突大部分都會被髓鞘覆蓋，只有中間較細的部分（蘭氏結）會產生動作電位。

7-3 聲音的刺激是如何傳到腦部的？

——人耳聽到聲音的原理

我們平常用語言溝通、聽音樂使心神安定等活動，都需要藉助「聲音」這種物理現象。簡單來說，聲音就是「空氣的振動」。當聲波在空氣密度大與空氣密度小的地方來回，使鼓膜振動，我們就會感覺到「聲音」。這種振動不只會發生在空氣中，也會發生在水和金屬等物質上。當水中的振動刺激耳膜時，我們就會感覺到聲

圖6 耳朵構造的示意圖

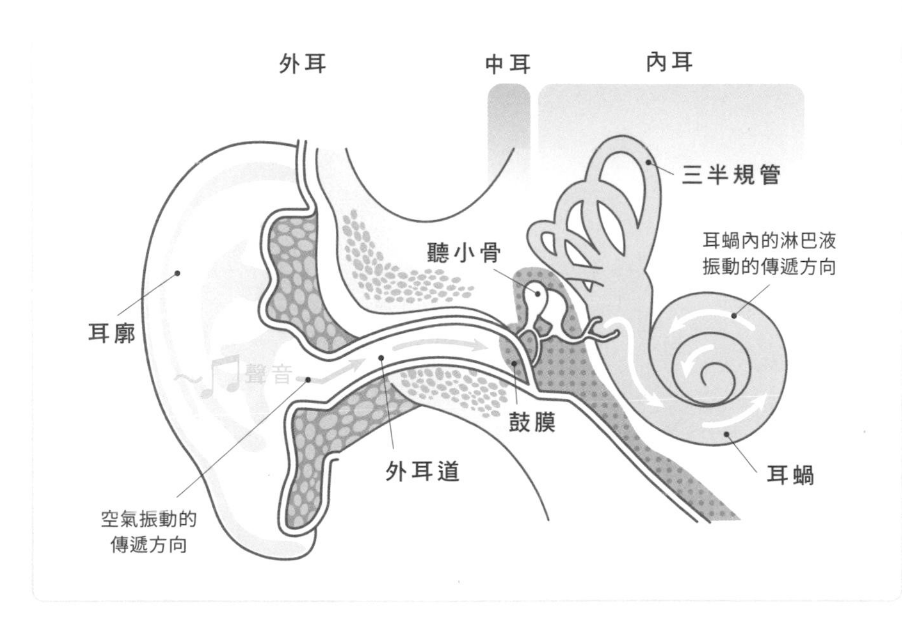

音；把耳朵貼在金屬上也同樣能感知到聲音。而空氣、水、金屬等物質就叫做**媒介**或**介質**。

聲音是波（波動）的一種。當波的行進方向與介質的振動方向相同時，就叫做「縱波」。相反地，**橫波則是波的行進方向與介質的振動方向垂直的波，例如光和電波等電磁波。**

透過空氣傳遞的聲音會使耳朵的鼓膜振動。然後振動會傳到連接鼓膜的**聽小骨**，再傳到一種叫做**耳蝸**的蝸牛狀結構，使內部的淋巴液發生振動。接著這個振動會傳至一種叫做**柯蒂氏器**的構造，使其內部一種名為**毛細胞**的特殊細胞的纖毛振動。這個振動最後會轉變成電流訊號，經由聽覺神經把刺激傳到腦部。

那麼，我們又是如何分辨高音和低音的呢？一如圖7的耳蝸示

圖7 ● 耳蝸的示意圖

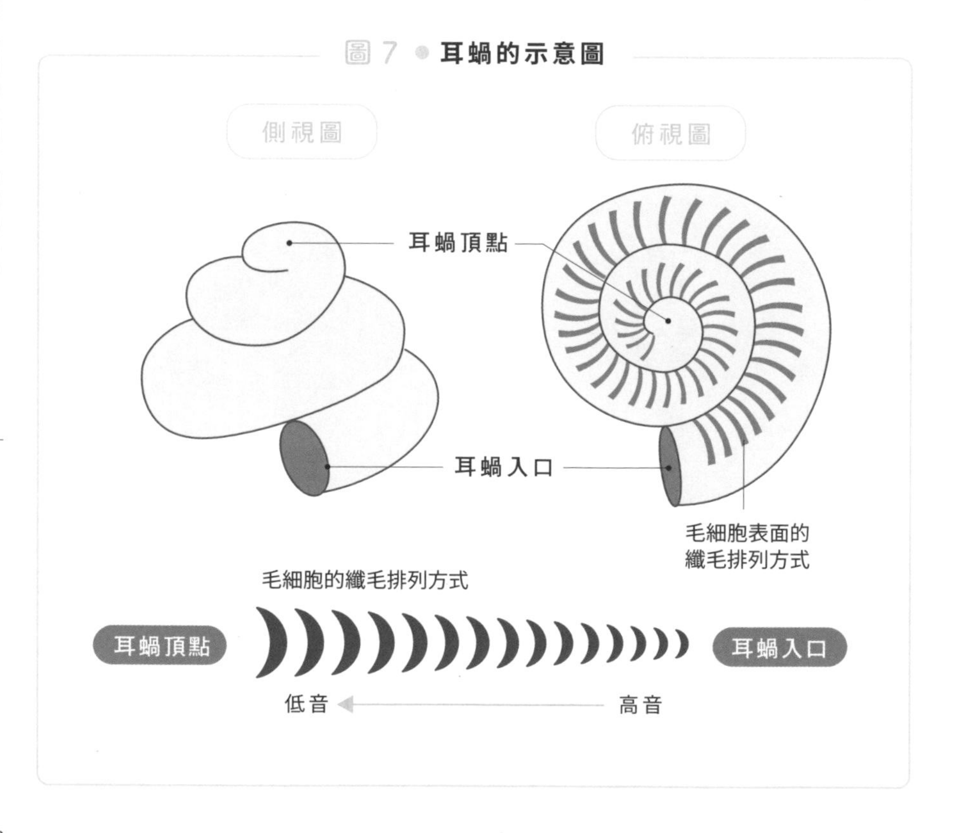

意圖所示，不同頻率的音波可以使基底膜的不同部位受到最強的刺激；高頻音是在耳蝸的入口附近，低頻音則是在離耳蝸入口最遠的頂點部分。另外，不同部位的毛細胞的纖毛長度各不相同，對不同頻率的音波的反應強度也各異，因此耳朵才能辨別和感知到高音與低音。

而不同毛細胞感知到的刺激會分別經由聽覺神經傳至一個稱為錐體交叉的部位；來自右耳的聲音會傳到左腦，來自左耳的聲音會傳到右腦，並由位於大腦側面的聽覺區接收。聽覺區不只能夠分辨高音和低音，還能分辨這個聲音是右側較強還是左側較強，抑或是兩邊一樣強，藉以判斷聲音來自哪個方向。

7-4

光的刺激是如何傳到腦部的？

——視覺原理

大家知道光是電磁波的一種嗎？有些人以為電磁波全都是輻射線和電波等眼睛看不見的恐怖存在，但其實光也是一種電磁波。光和輻射線與電波的差別在於波長（或頻率）不同。不過，輻射線中的伽瑪射線、X光、紫外線的能量很強，如果照射到我們的身體，DNA和蛋白質就會受損。相反地，紅外線和電波的能量比輻射線低得多，幾乎不會破壞生物分子。

我們肉眼看得見的可見光波長大約在400nm～700nm之間。

圖 8 ● 眼睛構造的示意圖

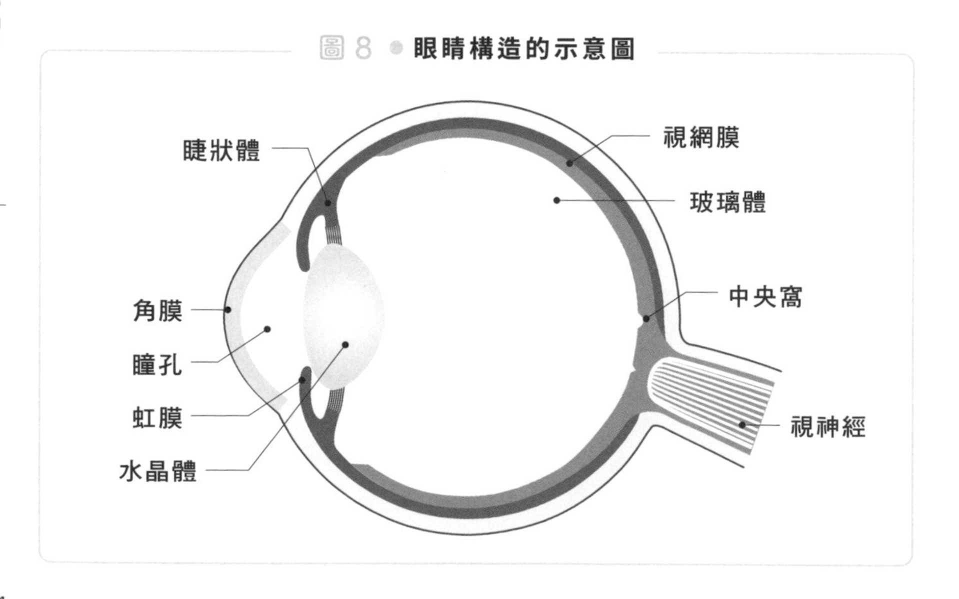

如果我們的眼睛只能感受到光的強度，那麼世界看起來就會像黑白照片一樣。然而，我們的眼睛可以用顏色來分辨不同波長的光。那麼，首先就讓我們來說明視網膜的構造吧。

請看圖9。視網膜是由多種不同細胞分層組合而成。最外層是色素上皮層，從眼睛的水晶體通過玻璃體的光，會先被視網膜外側的色素上皮層反射。然後視覺細胞（有視桿細胞和視錐細胞2種）接收到光線後，便會把光轉換成電流訊號。接著這個刺激會從視覺細胞傳至其他神經細胞（雙極細胞、水平細胞、無軸突細胞、神經節細胞），最後通過視神經傳送到大腦。

那麼視覺細胞是如何把光轉變成電流訊號的呢？在視覺細胞之一的視桿細胞中，進入眼睛的光線會落在名為「視黃醛」（位於視紫質這種蛋白質內）的低分子化合物上。接著，視黃醛的立體結構

圖9 ● 視網膜構造的示意圖

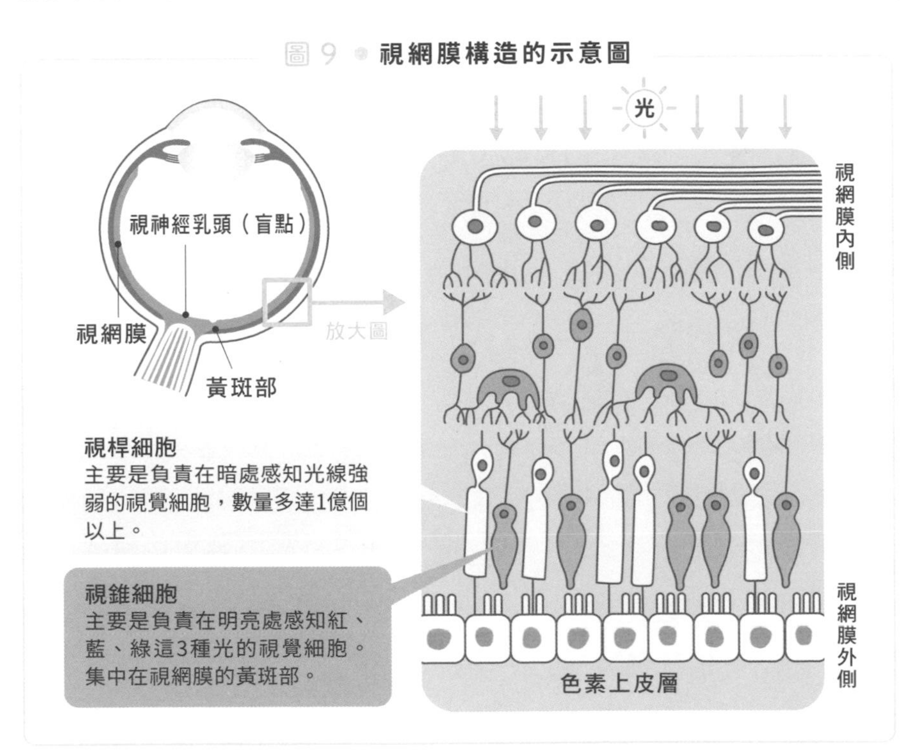

會從順式視黃醛變成反式視黃醛，並關閉視覺細胞的鈉離子通道。神經興奮的時候，神經受到刺激而興奮，鈉離子通道便會打開，使神經細胞內外的電位逆轉，將刺激傳至大腦。

然而視覺訊號的傳遞卻恰好相反，在沒有光的狀態時，視覺細胞會持續間歇性地興奮，不斷釋放出神經傳導物質。而當光線進入時，鈉離子通道會關閉，使興奮無法傳至大腦，這個變化會使大腦產生明亮的感覺。

想像一下你在白天開車兜風，然後突然被別人超車。請問你知道超到你前面的車子是什麼顏色嗎？你或許可以輕鬆地回答「是紅色」。但假如場景換成晚上的話又是如何呢？又或者你坐在副駕駛座上看向旁邊，只用眼角餘光瞄到了從旁超越的車子。這時是不是很難回想起車子是什麼顏色呢？這其實跟視網膜的構造有關。

事實上，只有當車子出現在你的正前方時，你才能清楚看見車子的顏色和形狀。這是因為當車子出現在你的正前方時，車子的影像會剛好投影在視網膜的黃斑部上，所以可以看得很清楚。而在夜晚很難辨識車子的顏色，則是因為負責感知顏色的視錐細胞到了晚上，其敏感度會比負責感知明暗的視桿細胞來得低。還有即使在白天，如果只是用眼角餘光瞄一下也很難辨認車子的顏色，這是因為負責感知顏色的視錐細胞在視網膜的黃斑部附近最多，愈往視網膜的邊緣就愈少。

那麼，我們又是如何區分顏色的呢？接下來讓我們來看**視錐細胞**。視錐細胞其實有3種，分別會對紅光、藍光、綠光起反應。這3種顏色的訊號會從視覺細胞經過許多神經細胞的傳遞，再通過視神經到達大腦的視覺區（位於後腦）。

由感知紅光的視錐細胞送出的訊號不會與其他訊號混合，而會獨立被下一個神經細胞接收再送去腦部。然後大腦會根據紅、藍、綠等視覺細胞的活動情形來判斷眼睛看到什麼顏色。

事實上，電視螢幕也是利用三原色組合出各式各樣的顏色；而電視螢幕的製造商其實就是研究過人眼的感色原理後，才想出這種設計的。

人的眼睛無法區別單一的黃光，以及由紅光和黃綠光混合而成的黃光。假如宇宙中存在一種跟人類完全不同，可用其他方式感知光線波長的外星人，那麼人類眼中的彩色圖案，在他們眼中說不定是只有3種顏色的單調圖案。

7-5

感受氣味的原理

——嗅覺的原理

在我們的五感（視覺、聽覺、嗅覺、味覺、觸覺）中，對於嗅覺的研究進展原本十分緩慢。嗅覺的原理是嗅覺細胞感知飄浮在空氣中的化學物質，但因為化學物質的種類繁多，所以有太多的未知之處。最後幫助科學家突破瓶頸的，正是蠶類昆蟲只會對特定的費洛蒙這種化學物質有所反應，對其他物質則完全沒有反應的習性。透過對昆蟲的研究，有關人類嗅覺的研究獲得極大的進展。

那麼，人類的嗅覺原理究竟是什麼呢？我們鼻子深處的鼻黏膜上，存在著約500萬個嗅覺細胞。這些嗅覺細胞的表面存在**嗅覺受體（receptor）**，當它們與空氣中的「氣味分子」結合時，嗅覺細胞就會受到刺激而興奮。這個興奮會以電流訊號的形式通過嗅覺神經傳至大腦。

那麼嗅覺受體又是什麼呢？嗅覺受體的基因是在1991年，由美國哥倫比亞大學的理察・阿克塞爾（Richard Axel）和福瑞德哈金森癌症研究中心的琳達・巴克（Linda Buck）共同發現的。兩人因為這項成就，於2004年得到諾貝爾生理學或醫學獎。

嗅覺受體是一種名叫**G蛋白質耦合受體（GPCR）**的七次穿膜受體膜蛋白質。當這種受體與「氣味物質」結合時，原本在這個受體上的G蛋白就會活化。然後，G蛋白會使一種叫做腺苷酸環化酶的酵素活化，消耗ATP生成環磷酸腺苷（cAMP）。

cAMP會打開嗅覺細胞表面的鈉離子通道，使鈉離子流入細胞內。接著嗅覺細胞會產生動作電位，進入興奮狀態。後來，科學家又找到許多與這個嗅覺受體基因的構造很類似的基因。直到今日，哺乳類身上已經發現多達約1000種的嗅覺受體基因。這些相當於全部基因的3%左右。從這個結果可以看出，哺乳類的身上有多種用來感知各種氣味物質的嗅覺受體。

感受味道的原理

——舌頭的構造與味覺的故事

大家知道我們在吃東西的時候，主要是靠舌頭來感知不同的味道嗎？舌尖可以感知甜味，而舌頭的兩側負責感知鹹味和酸味，舌頭根部則負責感覺苦味。

感知味道的「味覺細胞」上有種叫做**味覺受體**的化學物質受體（receptor），當味覺物質與味覺受體結合時，味覺細胞就會興奮。如同前一節提到的「嗅覺受體」，科學家在舌頭上也發現一種叫做G蛋白質耦合受體（GPCR）的七次穿膜受體膜蛋白質；除此之外，科學家還在舌頭上找到離子通道型受體。味覺一共有甜、酸、鹹、苦、鮮這5種基本味道；其中除了酸味以外，每種味道都已發現對應的受體基因。

這5種基本味道之中不包含辣味，大家知道是為什麼嗎？因為辣味並不是由味覺細胞感知，而是由負責感受溫度和疼痛的細胞來感知的。英語中會用「hot」來形容很辣的食物，從味覺的觀點來看，這的確是正確的表達方式。

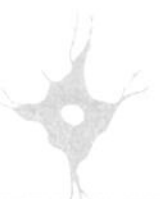

感受磁力的原理

——趨磁細菌與候鳥的故事

大家知道細胞內存在一種帶有磁鐵的細菌嗎？目前已知這種細菌擁有一種可以感知磁場，名為**磁小體**的胞器。磁小體就像指南針一樣會從S極朝N極移動。磁小體內的磁微粒是由大小約50奈米的磁鐵礦結晶（Fe_3O_4）構成，周圍包覆著磷脂膜，並以直線排列。

目前已知候鳥能夠不受天氣影響並正確判斷方位，在遙遠的兩地之間遷徙，長期以來，科學家相信這是因為候鳥的體內有一塊磁鐵，可以像指南針一樣運作。近年來，科學家也在鴿子和草鵐等鳥類的腦中檢測到磁鐵，並懷疑就是這些磁鐵扮演了指南針的角色。然而，科學家在鴿子的頭部綁上強力磁鐵後，鴿子卻依然能夠正確地飛到目的地，顯示候鳥腦中的磁鐵與遷徙能力的關聯仍有許多未解之謎。

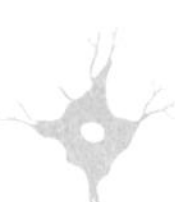

研究大腦的2種途徑

——神經網絡研究與大腦圖像解析

我們的理性和感情，以及過去的記憶都存在於大腦中這件事，如今已是無庸置疑的科學共識；但對於大腦究竟是如何處理這些各式各樣的資訊，由於無法進行人體實驗，因此科學界至今依然不太了解。過去曾有一段時期，科學家會在替精神病患者進行腦部手術時，用電流刺激他們大腦的部分區域，觀察病患會出現何種反應，或是產生什麼感覺；但在現代已經不太可能進行那樣的實驗。

研究大腦作用的途徑大致分為2種。第一種是如前所述，在腦中放入電極刺激特定的神經細胞，觀察這個刺激是從哪個神經細胞傳至其他神經細胞，也就是**研究腦神經網絡**。科學家已用老鼠等實驗動物做過許多研究，近年則開始採用在神經細胞表面接上一根細玻璃管，用以記錄單一離子通道活動的**膜片鉗技術**。

另外，為了觀察受到刺激的神經細胞的樹突和軸突會延伸到腦內的哪個區域，以及該神經細胞與哪些區塊相連，科學家還會對受到刺激的神經細胞注入色素，把神經細胞整個染色。不過，由於1個神經細胞傳遞訊號的對象非常多，因此要調查整個神經網絡的難度非常高。假設1個神經細胞與其他100個神經細胞相連，那麼這100個神經細胞的連接對象，就會多達100×100等於1萬個。

然而在2013年，美國史丹佛大學的研究團隊開發出一種可以

圖10 ● 觀察神經細胞興奮的膜片鉗技術

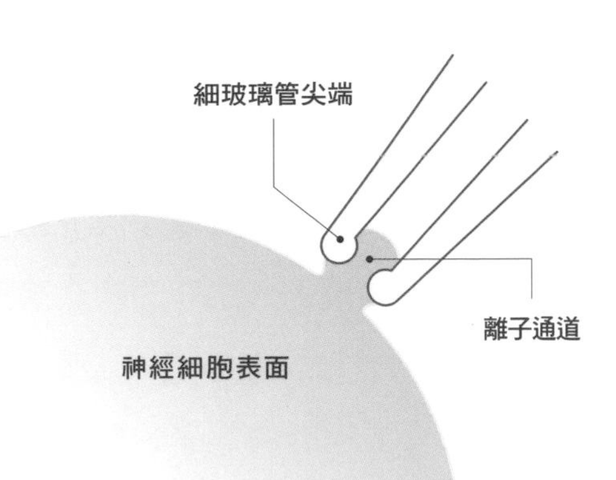

快速分析腦內神經網絡的先進技術。那就是俗稱**CLARITY**，利用電泳法使大腦透明化的技術。這種方法是將丙烯醯胺溶液注入大腦中，使蛋白質和核酸交叉鏈接。接著再利用電泳法洗掉脂質後，大腦就會變得透明。在此之前科學家都只能採取組織切片再替細胞染色，但這個方法讓科學家不用透過切片也能透視整個大腦。多虧這項技術，科學家終於知道整個大腦的神經是如何連結的，對神經網絡的研究也有了飛躍性的進展。

另一個途徑則是**研究整體腦部**。此方法可以將血流和代謝等腦內機能的指標圖像化。透過這種方式，科學家便能在不傷害腦部的情況下，研究大腦和心臟的關係。這種方法的缺點在於，雖然它可以知道大腦的哪個部分在活動，卻沒辦法觀察到個別神經細胞的活動和神經網絡等細微部分。

至於整體腦部的研究方法，則有**X射線電腦斷層掃描（CT：computed tomography）**、**正子斷層造影（PET：positron emission tomography）**、**核磁共振成像（MRI：magnetic**

resonance imaging）。利用X光拍攝的CT方法具有以下特徵：①不會感到疼痛、②可100%鑑別腦溢血和腦梗塞、③由於無法得知大腦活動，因此需要配合PET和MRI等進行解析。

正子斷層造影（PET）則是利用放射性物質（氧的同位素^{15}O等）。由於活動中的大腦需要很多氧氣，因此可以透過調查腦內氧氣的分布情形來了解大腦的活動。PET的檢測需要使用氧的放射性同位素^{15}O※等。由於非常微量，並不會傷及腦部。^{15}O會釋放正子（positron），當正子撞上附近的電子，便會放出與撞擊方向垂直的伽瑪射線。然後PET掃描裝置會檢測這個微弱的伽瑪射線是從大腦的哪個部位發出，將其圖像化。

核磁共振成像（MRI）利用的是被磁化的還原血紅素（已釋放掉氧氣的血紅素）。將被磁化的血紅素放在強力磁場中，照射高頻率的電磁波，血紅素就會放出特定頻率的電磁波。這種現象叫做**核磁共振（NMR：nuclear magnetic resonance）**，只要檢測這個電磁波並加以圖像化，即可得知大腦的活動。換句話說，當特定的大腦區域活動時，血流便會增加，將更多氧氣運送至該區。這時氧化血紅素會變化成還原血紅素。而因為還原血紅素已經事先被磁化，所以只要找到它的位置，就能測出血氧濃度的細微變化。

研究神經網絡，以及藉由腦部整體圖像研究大腦的活動，這2種途徑各有優缺點。唯有妥善融合這2種方法，才能確實掌握大腦的活動。

※註：氧原子的質量是16，故寫做^{16}O。而^{15}O就是少了1個中子的氧原子，所以質子數比氧原子多，較不穩定。^{15}O藉由從質子放出正子來變成中子，使自己變成穩定狀態。

表1 ● **將腦的型態和機能視覺化的方法**

X射線電腦斷層掃描（CT: computed tomography）

正子斷層造影（PET: positron emission tomography）

核磁共振成像（MRI: magnetic resonance imaging）

腦磁圖（MEG: magnetoencephalography）

藍光會打亂生理時鐘

——生理時鐘的原理

近年，晚上睡不著的人有增加的趨勢，專家指出這與智慧型手機、電腦發出的藍色LED光有關。

我們的體內存在一個不會被周遭光線影響的生理時鐘。這個**生理時鐘位於腦部一個叫做視交叉上核的地方，負責控制我們一天的生活節奏**。即使我們被關在一個無法得知日夜也沒有時鐘的地方，還是幾乎每天都能在同一時間醒來，在同一時間感到肚子餓，在同一時間產生睡意。然而，這個生理時鐘的週期比24小時還要再長一點，大約每25小時循環一次。因此，如果待在無法得知日夜的地方，我們每天的生活節奏都會變慢1小時。專門術語叫做「自主生理時鐘（free running）」。**視交叉上核會調節松果體分泌的睡眠荷爾蒙褪黑激素的合成週期**。當褪黑激素大量分泌到血液中時，人就會感到愛睏，然後沉沉睡去。

那麼，1天有25小時的生理時鐘每天是如何重設，適應24小時的循環呢？這與強光有關。早上，當我們睜開眼睛照射到強烈的日光時，褪黑激素便會被分解，使睡意消除。我們體內25小時循環一次的自然規律就是這樣被重設為24小時循環一次的。而藍光對於分解褪黑激素特別有效，相反地黃昏時的橘光和紅光則幾乎沒有影響。

然而，近代的電子機器大多都使用藍色LED，所以晚上看著電子機器的螢幕時，睡眠荷爾蒙褪黑激素就會被分解，變成睡不著的狀態。

只要沒有限制藍色LED一天使用的時間，或許我們就永遠無法在晚上得到舒適的睡眠。因此，市面上開始販賣可以過濾藍光的眼鏡，而購買這種眼鏡的人也愈來愈多。

圖11 ● **生理時鐘與褪黑激素的關係**

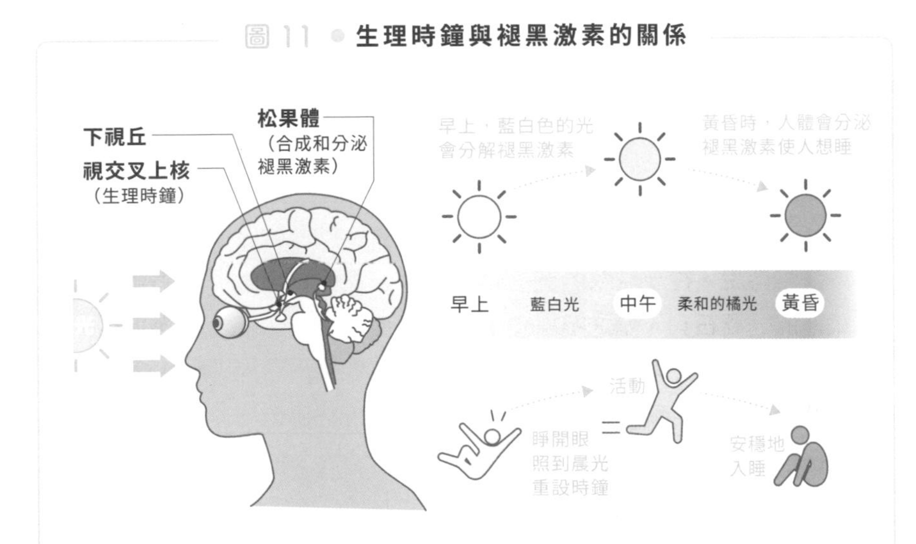

(左圖) 腦中的松果體、下視丘、視交叉上核的位置。(右圖) 早上，我們照射到藍白光後，褪黑激素會被分解，重設生理時鐘。黃昏時的橘紅落日則不會分解褪黑激素，讓我們可以安穩入睡。

生物之窗

動物有第六感嗎？
——鯊魚的勞倫氏壺腹和蛇的窩器

我們已知這世上有許多動物擁有人類沒有的感官。

舉例來說，鯊魚可以感知魚類在水中游泳時發出的微弱電位變化，藉以得知獵物的方位。鯊魚體內負責感知水中電位變化的器官分布於整個頭部，俗稱勞倫氏壺腹。這種器官甚至可以感知到100萬分之1伏特的微弱電位差。

還有，我們已知夜行性蛇類可以感知老鼠等動物的體溫來進行獵食。蛇的鼻尖有一種叫做窩器的構造，可以感覺到微弱的溫度變化。

在日本，自古以來便有「當巨大鯰魚暴動時就會引發地震」的民俗傳說。在茨城縣的鹿島神宮，甚至還埋有傳說中用來鎮壓鯰魚的「要石」。而之所以會出現這類傳說，一般認為是因為在地震發生前，鯰魚經常會出現反常行為。

長久以來，科學家已從各種不同觀點研究過地震和鯰魚的關係，但至今仍不知道真相。比較主流的推論是，鯰魚能夠感知地震發生前地底釋放的微弱電流。

除了鯰魚之外，老鼠在地震發生前也會逃跑。這些動物之所以會在災難發生前出現異於往常的行為，或許是因為牠們擁有人類所沒有的感官能力（也就是第六感）也說不定。

生物多樣性和瀕危物種

8-1

為什麼世上有這麼多物種？

——生物多樣性

地球上棲息著許多不同的生物。山林中，有各式各樣的昆蟲在種類繁多的樹木之間往來不息；大海邊，岩岸孕育了不同種類的海藻，其間棲息著許許多多的魚類和貝類等海洋生物。那麼，為什麼自然界存在這麼多種生物呢？

這與地球的環境有莫大關係。地球上存在著炎熱、寒冷、潮濕與乾燥等各種氣候環境，而這些環境中都棲息著適應該環境的獨特生物。而且，這些環境並不會永遠保持同樣的狀態。譬如當地球發生氣候變遷時，原本潮濕的地區可能會因日照時間變長，導致長時間沒有降雨，此時住在這片土地上的生物就會大受影響。喜歡潮濕環境的生物會死絕，能夠適應乾燥環境的外來生物則會移入，成為新的居民。又或者這些喜歡潮濕環境的生物中，有少數耐旱的個體會活下來，演化成新的物種。

下面來介紹一個環境多樣性與生物物種數量有關的例子。一如圖1所示，日本列島和美國大西洋岸一樣，從北到南的緯度跨度極大，而且海岸線都是從東北向西南延伸，地理上十分相似。然而，與美國大西洋岸相比，日本的海岸線要複雜得多。由於日本列島屬於火山島，岩岸旁往往緊鄰著廣大的沙岸，有淺海也有數千公尺深的深海，存在各種不同的環境。在駿河灣和相模灣，海岸線不遠處就有水深數千公尺的深海，可說是世界知名。

另一方面，美國的大西洋岸是大陸分裂而成的裂口，海岸線十分單調。北邊從緬因州到紐約都是岩岸，然後一路向南到佛羅里達都是沙岸，幾乎沒有岩岸。

比較日本近海與美國大西洋岸的物種數量，便會發現一件很驚人的事實。以生活在海邊的螃蟹種類為例，全世界約有5000種螃

圖1 ● **日本列島沿岸與大西洋同緯度同比例尺的地圖和海岸的風景照片**

日本：小豆島

美國：南卡羅來納州

由於日本列島屬於火山島，因此海岸景觀繁複多變，從岩岸到沙岸等等，擁有各式各樣的環境。另一方面，美國的大西洋岸北從紐約、南到佛羅里達幾乎都是沙岸，自然環境單調。因此，日本沿岸的生物種類遠比美國大西洋岸多得多。

蟹，日本近海就棲息著1000種之多。相反地，美國大西洋岸總共只有不到200種。雖然日本近海的歷史的確比美國大西洋岸更久，但考慮到生物可相對自由地在海洋間移動，很難只用時間因素來解釋這個現象。大西洋岸只有性質相似的廣大環境，所以只有適應該環境的物種比較興盛，較難有其他物種得以進入的空間。

另外，在這個世界的某些地方，每天都有新物種在誕生。這些地點又叫做**生物多樣性熱點**，譬如熱帶雨林和珊瑚礁。事實上，日本近海也有一個生物多樣性熱點。

8-2

為什麼日本的生物學界用片假名來寫「人」字？

——學名和俗名的故事

在日本的生物學界有個習慣，那就是用片假名來書寫生物的名稱。譬如稻米寫成「イネ」、小麥寫成「コムギ」、牛寫成「ウシ」等等，而人類也同樣用片假名寫成「ヒト」。

那麼，為什麼要刻意用這種方式來書寫生物的名稱呢？就跟人有姓和名的分別一樣，生物的命名也有姓和名的區別。換句話說，如果一群物種具有類似的遺傳特徵，科學家就會給予他們相同的姓氏。這種以兩個單字替物種命名的方法叫做二名法，是由18世紀瑞典的生物學家林奈（Linné）推廣普及的。二名法將原本在每個國家都不一樣的生物名稱加以統一，讓全世界的研究者都用同一個名字稱呼同一種生物，為生物學的國際性發展奠定了基礎。

生物在全球通用的名字叫做**學名（Scientific name）**，照規定必須使用拉丁文。此外，學名通常習慣以斜體書寫。另一方面，各國以自己的語言稱呼的名字則叫做俗名，在日本按照慣例是使用片假名書寫。例如人類的學名是*Homo sapiens*，*Home*相當於姓氏，*sapiens*則是名字。有時候在姓氏和名字的後面還會加上命名者的名字和發現年份。例如，人類學名的命名者為林奈（Linné的拉丁文是Linnaeus），所以人類的完整學名就是*Homo sapiens*

Linnaeus, 1758。

所有學習生物學的人，都要記住幾種代表性的生物學名。因為在基因和蛋白質等的資料庫中，物種通常會用學名或是學名縮寫來表示，所以有名的生物學名一定要背下來。譬如分子生物學中常常用到的大腸桿菌，它的學名是*Escherichia coli*，但因為它的姓氏（屬名）太長，所以通常只寫成*E.coli*。同樣地，發育生物學和遺傳學的研究中不可或缺的*Caenohabditis elegans*，名字也常常縮寫成*C.elegans*。因為elegans就是「優雅」的拉丁文，所以有些人可能會以為這是一種很美麗的生物，但它其實一種類似蚯蚓的線蟲，體長只有幾毫米。

這裡我們列舉幾種代表性的生物學名供參考。例如狗的學名是*Canis familialis*、貓是*Felis catus*、雞是*Gallus gallus*、牛是*Bos taurus*；水稻是*Oryza sativa*、繡球花是*Hydrangea macrophylla*（在日本以前叫做*Hydrangea otaksa*，是江戶時代末期的德國植物學家西博德根據一位日本女性「Otaki」的名字所取）。

而對日本人來說最重要的一個學名，應屬棲息於佐渡島的瀕危物種朱鷺。牠的學名是*Nipponia nippon*（日本・日本的意思）。日本人必須好好保護牠，絕不能讓這種背負了日本國名的鳥類滅絕消失。

表 1 ● 生物的種名

簡稱	學名（斜體）	英文俗名	中文俗名
hsa	*Homo sapiens*	human	人
ppr	*Pan troglodytes*	chimpanzee	黑猩猩
mmu	*Mus musculus*	mouse	小家鼠
rno	*Rattus norvegicus*	Norway rat	褐鼠
cfa	*Canis familiaris*	dog	狗
fca	*Felis catus*	domestic cat	家貓
bta	*Bos taurus*	cow	牛
ssc	*Sus scrofa*	pig	豬
ecb	*Equus caballus*	horse	馬
mdo	*Monodelphis domestica*	opossum	負鼠
oaa	*Ornithorhynchus anatynus*	platypus	鴨嘴獸
gga	*Gallus gallus*	chicken	雞
xla	*Xenopus laevis*	African clawed frog	非洲爪蟾
eco	*Escherichia coli*	colon bacillus	大腸桿菌
osa	*Oryza sativa*	rice plant	水稻
dme	*Drosophila melanogaster*	fruit fly	果蠅

生物的世界除了動物和植物還有第三種生物

——真菌的故事

當大家被問到地球上存在哪些生物的時候，都會怎麼回答呢？我想多數人應該都會回答動物和植物吧。不過，從生物學的角度來看，世界上其實還存在第三種不屬於動物也不屬於植物的生物。那就是蕈類和黴菌的家族。

「不，黴菌和蕈類又不會動，不是應該屬於植物嗎？」有些人可能會這麼想。但蕈類和黴菌與大多數的植物存在一個決定性的差異，那就是大部分的植物都是綠色的。植物之所以是綠色，是因為植物體內含有可進行光合作用，藉以把水和二氧化碳轉化成葡萄糖等養分的葉綠體。換句話說，植物可以自行合成養分，但蕈類和黴菌卻不會進行光合作用。相反地，它們是一種靠寄生在其他動植物身上來獲得養分的生物。

另外，蕈類的組成物質也跟植物非常不同。植物的細胞壁是由纖維素這種碳水化合物組成的，但蕈類和黴菌的細胞壁卻不含纖維素，而是由幾丁質組成。這就是為什麼蕈類吃起來的口感跟蔬菜和水果很不一樣。從基因研究的結果來看，蕈類和黴菌也屬於跟動物和植物全然不同的另一族群。

而在蕈類和黴菌之中，有一種名叫**黏菌**的奇特生物。黏菌中有一種**細胞性黏菌**，它有的時候是單細胞生物，有的時候又會變成多細胞生物；生物學在研究生物如何從單細胞生物演化成多細胞生物時，常常會提到這種有趣的生物。

剛離開孢子的細胞性黏菌，通常會在土壤中以單一細胞的狀態捕食大腸桿菌等細菌維生。然而，當環境中的食物不足時，只要一個細胞發出求救訊號，其他收到訊號的細胞就會瞬間聚集在一起。然後，這些黏菌會形成約10萬個細胞組成的集團，變成像蛞蝓一樣的生物，開始移動並尋找食物。如果還是找不到食物，蛞蝓狀身體前4分之1的細胞會形成「菌柄」撐起子實體後死亡，讓後4分之3的細胞變成子實體中的孢子活下去。換句話說，在從單細胞生物變成多細胞生物的過程中，有些細胞會為了幫助其他同伴活下去而選擇死亡。

圖2 ● **細胞性黏菌**

（*Dictyostelium discoideum* 俗名：盤基網柄菌）的生命循環

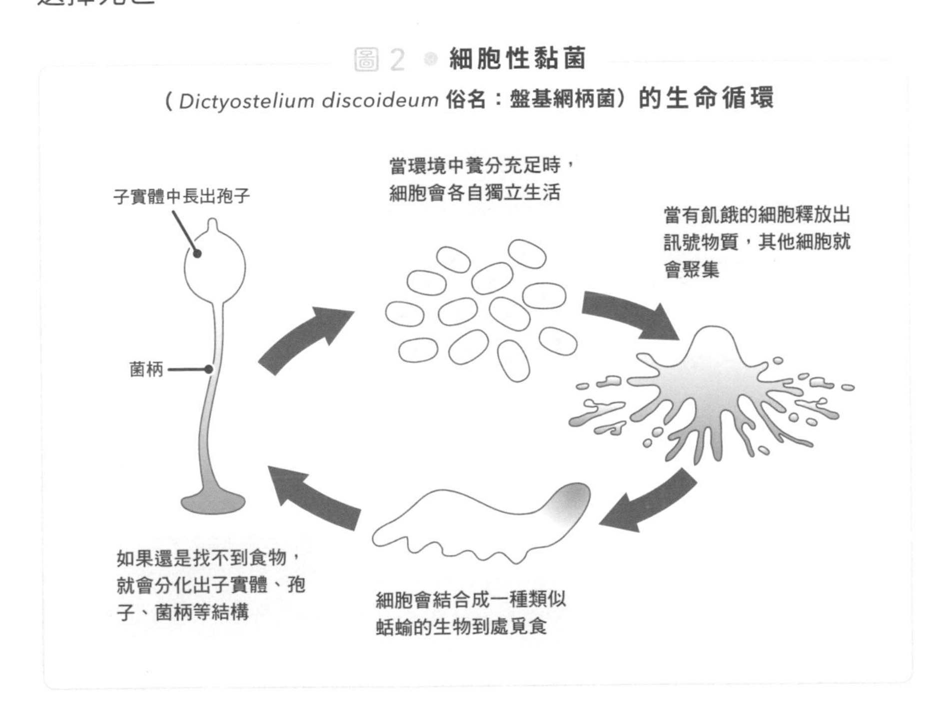

不遠的未來，我們將再也吃不到鰻魚？

——什麼是瀕危物種？

「今天是土用丑日，一起去吃鰻魚吧」，這是日本人在仲夏酷暑時節一定會聽到的（奢侈）台詞。但也許不遠的未來，我們將再也聽不到這個對日本人而言理所當然的對話。這是因為近幾年從海洋回到河川的鰻魚幼苗數量劇減，愈來愈難取得養殖用的鰻苗。在不遠的未來，鰻魚有可能完全絕種，從地球上消失。

日本生產的鰻魚是「日本鰻鱺」，長大成年後會游入海中，在太平洋的深海產卵。然後在海洋出生的幼魚會自己游過大海，回到日本周邊的河川。到達河口的幼魚俗稱鰻苗，養殖業者會用魚網捕捉牠們，放在養殖用的魚池中小心呵護。

2006年，生物學家發現日本鰻鱺的產卵點位於關島西方的馬里亞納海溝附近。然而，儘管（獨立行政法人）水產綜合研究中心已於2013年成功實現世界首例從魚卵孵化到成魚的完全養殖，但要推動鰻魚完全養殖的商業化，仍有許多問題要克服。日本環境省鑑於事態的嚴重性，於2013年將日本鰻鱺列入近未來絕種可能性高的**瀕危物種（endangered species）**名單。之後，國際自然保護聯盟（IUCN）在2014年也將日本鰻鱺登錄為瀕危物種。

另一方面，在歐洲也有另一種鰻魚「歐洲鰻鱺」棲息。不過，近年歐洲鰻鱺的數量也大幅減少。事實上早在1990年代，全球便建立了在歐洲捕撈鰻苗送到中國養殖，再輸往日本的產業鏈；然而因為歐洲過度捕撈鰻苗，假設以1980年的鰻魚數量為100%，2005年歐洲鰻魚的數量已經銳減到只剩1～5%。為了保護所剩無幾的歐洲鰻鱺，自2009年起歐洲開始限制鰻苗出口。結果被限制後，日本又改進口棲息在印度洋的雙色鰻鱺（*Anguilla bicolor*）的鰻苗來養殖，在國際上引起了「難道日本人要把全世界的鰻魚吃光才甘願嗎」的譴責。

除了鰻魚之外，由於壽司熱潮席捲全球，以黑鮪魚為首的鮪魚數量也在急速減少。沒有鮪魚的壽司店，以及沒有鰻魚的鰻魚店，大家可以想像嗎？

像鰻魚和鮪魚這種個體數量極端減少，正確實走向滅絕的動植物群，統稱為瀕危物種。而國際自然保護聯盟為全球面臨滅絕風險的野生生物製作了一份清單，裡面詳細記錄這些生物的分布和棲息狀況，並使用象徵危機的紅色封皮，因此這份名單又被稱為**紅色名錄（Red List）**，而日本環境省也參照這份名錄製作了**紅皮資料書（Red-data book）**。

上述這份名錄後來被**《瀕危物種保護法》**（後面的章節中會詳細介紹）當成保護稀有植物和防止任意破壞自然環境的評估資料。根據2017年IUCN的最新版名錄，全世界已有多達2萬5821種生物瀕臨滅絕。

國際自然保護聯盟（IUCN）依照滅絕的危險程度，把全世界的野生動植物分為幾類，而日本環境省的紅皮資料書也參考IUCN的分類，將具有滅絕危險的日本野生動植物分為絕滅種、絕滅危懼I類——又可分為絕滅危懼I A類（極近未來滅絕危險程度高的

「極危種」）、絕滅危懼I B類（近未來滅絕危險程度高的「瀕危種」）——、絕滅危懼II類（滅絕危險程度正在提升的「易危種」）、準絕滅危懼類（近危種）等。

表 2 ● 日本的絕滅危懼種與絕滅種

	哺乳類	鳥類	爬蟲類	兩棲類	魚類	無脊椎動物	植物
絕滅種	日本狼	琉球銀斑黑鴿					
絕滅危懼IA類	西表山貓	東方白鸛					
	儒艮	沖繩秧雞			關東田中鰟鮍		
絕滅危懼IB類	小笠原大蝙蝠	金鵰	赤蠵龜		斑北鰍		
		岩雷鳥			大彈塗魚		
絕滅危懼II類	港海豹	短尾信天翁	琉球地龜	東京小鯢		日本大龍蝨	桔梗
		丹頂鶴				日本大鍬形蟲	白頭婆
						日本黑螯蝦	
準絕滅危懼類	東北鼠兔北海道亞種	蒼鷹	日本石龜	紅腹蠑螈	矛形田中鰟鮍		
（近危種）				黑斑側褶蛙			

什麼是《華盛頓公約》？

——為了不讓瀕危物種滅絕

你是否曾在成田機場或關西機場等國際機場，看過提醒民眾不要購買禁止攜入國內的動植物及其製品的告示，以及旁邊櫥窗內的野生動物標本或鱷魚皮包、象牙等製品樣本呢？這些告示和展示的目的，是要讓前往海外的旅客知道在國際上哪些動植物及其製品是禁止買賣的，並提醒旅客不要在外國購買此類商品。

舉例來說，從野生大象身上取得的象牙、鱷魚皮包、野生的蘭花或仙人掌、熱帶的美麗蝴蝶等等，這些都禁止攜入國內。如果把這些東西帶進日本，通常都會被海關沒收，並處以高額罰金。

海關之所以這麼嚴格進行檢查，是因為日本乃是**《華盛頓公約Washington Convention》**的參加國，必須嚴格取締特定動植物及其製品的進出口。**《華盛頓公約》的正式名稱是「瀕臨絕種野生動植物國際貿易公約／CITES（Convention on International Trade in Endangered Species of Wild Fauna and Flora）」**。這是一個由出口國和進口國共同合作，管制瀕臨絕種之野生動植物的國際貿易，藉以保護這些動植物的公約。此公約在1973年於華盛頓簽署，而日本則是在1980年加入。

關於哪些產品在《華盛頓公約》的管制範圍內，可參見下一頁的表3。

表3 ●《華盛頓公約》的管制商品

中藥・外敷藥・酒類	皮革製品	標本
裡面含有熊膽、老虎、眼鏡蛇、麝香等成分的商品等。	使用蜥蜴、蛇、鱷魚等動物的皮革製作而成的包包、錢包、錶帶、皮帶、樂器等。	烏龜、鱷魚、老虎、老鷹、鷲等動物的標本，以及蝴蝶標本等。
活體動物	**其他製品**	**活體植物**
烏龜、猴子、蛇、變色龍、水獺、鸚鵡、鸚哥及紅龍等。	象牙製的印材·雕刻品及裝飾品、龜甲製品、孔雀羽毛、珊瑚、鴕鳥蛋、含有小燭樹蠟（澤漆）的化妝品等。	蘭花、仙人掌、桫欏、蘇鐵、蘆薈、澤漆等。

※節自日本經濟產業省官網

罰金最高可達1億日圓？

——強化《瀕危物種保護法》的罰則

近來受到寵物風潮和園藝風潮的影響，來自外國的稀有動植物有時可以賣到非常高的價錢。而在日本尤以龜類等各種爬蟲類寵物的輸入為最大宗。寵物雖然很可愛，但這些稀有動植物大多都是來自東南亞、非洲、中南美洲等遙遠的國家。儘管這些稀有生物在當地受到悉心保護，也被《華盛頓公約》嚴格管制進出口，但珍貴動植物的走私行為還是不斷發生。

過去，這些走私的動植物在成功進入日本之後，便幾乎不受法律管制。因此日本政府決定重視這個問題，制定了**《瀕危物種保護法》**，並於1994年公布實施。在法律健全後，國家終於能對日本國內買賣瀕危物種的行為，給予相關者處罰。

《瀕危物種保護法》的正式名稱是「瀕臨絕種之野生動植物物種保護相關法律」。這項法律的目的在於有系統地保護哺乳類、鳥類、昆蟲、魚類、植物等有滅絕風險的生物。而且，本法不只禁止捕捉和運送受到管制的物種，以保護物種個體；同時也限制開發指定物種的棲息區域或砍伐該區域的樹木，以保護牠們的棲息地。另外，本法也有規定國家應該如何復育這些瀕臨滅絕的生物。其中如朱鷺和沖繩秧雞等82種動植物更被指定為「國內稀少野生動植物種」，嚴禁捕撈和交易。

然而，由於稀有動植物的買賣價格很高，許多業者不惜支付罰金（最高100萬日圓）也要偷渡進來，導致走私行為層出不窮。譬如棲息在馬達加斯加的安哥洛卡象龜，2隻就能賣到700萬日圓。因此日本政府也決定調高《瀕危物種保護法》的罰則，對於觸犯本法的公司法人或個人最高可處以1億日圓的罰金。

來自外國的危險生物

——外來種的故事

最近到外國旅遊的觀光客一年比一年多，但許多人常常在陌生的土地隨意撿拾蝸牛或植物的種子，把外國的動植物帶進國內，對國內的生態系造成了巨大的破壞。如果你以為這種事情很少發生，不妨現在就出門到外面看看。

你知道我們的周圍有多少從外國入侵的雜草嗎？容易引起花粉症的雜草「豚草」、路邊隨處可見的「西洋蒲公英」、秋天時可把草原染成一片黃色的「高莖一枝黃花」等，都是日本典型的**歸化植物（外來種）**。

此外，在池畔長大、原產於美國的紅耳龜（以前在日本叫做彩龜，是廟會中常常有人販賣的龜類）已儼然成為池塘的主人，悠哉地在日本各地的池塘曬日光浴；在河川和湖泊地區，「大口黑鱸」這種外來種魚類也在不斷增加。近年來更常常發現有人任意把一種名叫鱷龜的凶暴龜類丟到河川或是池塘棄養；或同樣被當成寵物飼養的浣熊逃到戶外野生化，威脅到狸貓的生存空間，並大肆破壞農作物。

諸如此類從外國進口的歸化生物，往往因為在本地沒有天敵而爆發性繁殖。牠們不只會對農作物造成極大的損害，還會導致日本自古原生的生物滅絕。

因此，為了從歸化生物的手中保護日本原生的生物，以保全日本獨特的生態系，日本政府制定了**《外來生物法（Cabinet Order for Enforcement of the Invasive Alien Species Act）》。這項法律的正式名稱為「防止特定外來生物危害生態系等相關法律」**。本法的目的是管制會對生態系和農林漁產業造成影響的外來種，並於2005年6月實施。而被指定為「**特定外來生物**」（參照表4）的生物，原則上禁止飼育、運送、進口、野放。

然而，外來種在日本一點也不罕見。根據日本環境省的調查，日本的外來生物種類高達2000種之多。日本環境省除了積極呼籲飼主謹慎飼養之外，也明文禁止將鱷魚或擬鱷龜等外來種棄養在野外，或為了享受釣魚樂趣而把大口黑鱸故意流放到河川或湖泊中；相信未來若繼續出現不遵守規則的飼主，被禁止飼養的特定外來生物只會更多。如果違反這項法律，個人將被處以3年以下有期徒刑

表4 ● **日本的特定外來生物**

哺乳類	台灣獼猴	美洲巨水鼠	赤腹松鼠	浣熊	獴	羌
鳥類	畫眉	紅嘴相思鳥				
爬蟲類	擬鱷龜	安樂蜥	龜殼花			
兩棲類	海蟾蜍	美洲牛蛙				
魚類	大肚魚	藍鰓太陽魚	大口黑鱸	小口黑鱸		
無脊椎動物	紅背蜘蛛	幾何寇蛛	鉗蠍	淡水螯蝦	中華絨螯蟹	
昆蟲類	歐洲熊蜂	紅火蟻	熱帶火蟻	阿根廷蟻		
植物	劍葉金雞菊	光冠水菊	金光菊	馬達加斯加千里光	刺果瓜	大萍

或300萬日圓以下的罰金；公司法人等團體則可處以1億日圓以下的罰金。

生物之窗

最危險的外來種紅火蟻侵入日本

筆者一直擔憂的事情終於成為了現實。原產於南美，體長2.5毫米的有毒螞蟻「紅火蟻」終於侵入了日本。這種螞蟻的攻擊性很強，被螫到時會產生火燒般的劇痛，英文俗稱「Fire ant」。筆者於1990年居住在美國時，曾在南卡羅來納州的查爾斯頓見過巨大的紅火蟻蟻塚，因此非常了解這種螞蟻的可怕，並一直認為日本無論如何都必須防止紅火蟻侵入。在美國，紅火蟻每年可造成約100人死亡（但也有其他說法）。而在全球，紅火蟻已入侵北美、中國、菲律賓、台灣等地，成為大範圍的外來生物。2017年5月，在兵庫縣尼崎市一艘自中國廣東省廣州市南沙港啟航的貨船貨櫃中，首次發現了紅火蟻的蹤跡。隨後，在神戶港、大阪港、東京大井碼頭等處也陸續發現紅火蟻；而且除了港口外，內陸也傳出目擊報告，並在神奈川、埼玉、岡山、福山、大分等地確認到蹤跡，因此專家認為紅火蟻已在日本國內定居的可能性極高。紅火蟻會建造直徑數十公分的蟻塚，如果發現的話，請千萬不要用腳去踩。一旦踩下去，瞬間就會跑出幾百隻紅火蟻爬到你的腳上發動攻擊。尤其小孩子被螫到的話可能會有生命危險。現在，日本環境省和各地的地方政府都加強對紅火蟻的警戒，努力避免紅火蟻在日本定居。

增加瀕危野生生物的祕策

——光把公猩猩和母猩猩放在一起是不會繁殖的

自17世紀工業革命以來，全世界的野生生物就在不斷消失。尤其進入20世紀後，在漫長的生物演化史中，野生生物更是以最快的速度滅絕。生物學家以生物大滅絕的事件為分水嶺，把生物的演化分為古生代、中生代、新生代。目前最後一次的大滅絕是距今約6500萬年前的中生代白堊紀的恐龍滅絕事件，我想這點大家應該都知道；但從滅絕的物種數量來看，現代生物滅絕的速度竟然還比當時更快。

其主要原因與人類的生活活動有關。近代以來，人類大量燃燒煤炭、石油、天然氣等化石燃料，導致大量的二氧化碳排放到大氣中，引起溫室效應，使地球表面的溫度逐年上升。而且不單是氣溫上升，颱風和龍捲風的發生頻率也在增加，相反地，某些地區則因日照量增加而頻繁發生森林大火。

當生物無法適應這種全球規模的環境變化時，就會接二連三地滅絕。此外，人類砍伐森林也會讓野生動物失去棲息地而絕種；還有人類從其他地區帶進來的外來生物，同樣會導致自古便在當地棲息的原生生物滅絕。不論是多是少，野生生物的滅絕與人類有關已是不爭的事實，而全球的學者都在拚命阻止這場野生生物大滅絕的發生。這個星球上的野生生物，正因各種原因而逐漸消失。

人類往往以為只要把一對雌雄的野生動物關在一起，牠們就可以活下來而不會絕種，但事情並沒有那麼簡單。舉例來說，有一種叫做旅鴿的鴿類，從前曾如繁星般遍布北美大陸，但後來牠們的數量不斷減少，直到減少至某個數量後，便突然一口氣滅絕了。這是因為這種鴿子具有群居性，只有少數的雌雄個體並無法維持後代的數量。

還有，動物園常見的明星動物大猩猩，幾乎每間動物園都很想飼養；但在《華盛頓公約》限制從外國進口大猩猩後，現在日本國內的動物園只能透過人工繁殖增加大猩猩的數量。過去，動物園以為只要把一頭母猩猩與一頭公猩猩放在一起，牠們就會開始繁殖。但由於大猩猩習慣由一頭強大的公猩猩與好幾頭母猩猩組成「後宮式聚落」，因此當動物園把一頭公猩猩和一頭母猩猩配對後，牠們沒有結為夫妻，反而發展成兄妹關係。所以，後來日本的動物園將全國僅剩的大猩猩集中到一處，改採集體飼育的方式後，才終於生下了小猩猩。

保護生物多樣性的祕策

——北極圈的種子儲藏庫

即使有一天地球環境劇變，大量的生物死亡消失，只要在滅亡前有足夠多的物種數量，就有一部分的物種能活下來。而這些倖存下來的生物將適應新的環境，讓該地區的生態系維持穩定。然而，如果一開始的物種數量就很少的話，一旦發生生物大滅絕，由於該地區無法馬上出現能適應新環境的生物，生態系便很可能崩潰。

長久以來人類一直是利用各種生物在維持自己的生活，如果生物持續大量滅絕，對我們人類也會造成非常巨大的損害。尤其是養活人類的各種農作物，為了適應環境變化而擁有許多不同的基因。譬如有的番茄品種雖然好吃卻不耐旱，也有的番茄雖然不好吃卻很耐旱，只要組合這2種番茄的基因，理論上就有可能創造出好吃又耐旱的番茄。然而，假使因為耐旱性強的番茄不好吃就沒有人去種植，那麼未來就不可能利用那種番茄去進行品種改良或基因改造。

隨著全球暖化而來的氣候變遷，某些地區的沙漠化現象愈來愈嚴重；再加上人口爆炸導致的糧食問題，熱帶雨林逐一被開墾成農地，無法適應環境變化的野生植物和較少被種植的農作物將快速從地球上消失。因此，有一群科學家開始思考，能不能在野生植物和較少被種植的農作物完全消失之前，蒐集它們的種子並長期保存下來，在未來有需要時可以讓它們重新發芽復育。

出於這樣的想法，2008年2月，在天然冷藏庫的北極圈，一座用於保存全世界蒐集而來的農作物種子的設施誕生了。那就是位於北歐挪威境內斯瓦爾巴群島的斯匹次卑爾根島上的**斯瓦爾巴全球種子庫（Svalbard Global Seed Vault）**。建造這座設施的目的在於蒐集並保存全球農作物的種子，預防某些種子基因在全球暖化或大規模戰爭期間消失。當物種滅絕的事件發生時，即可從種子庫中拿出備份的種子來復育。這座種子庫在啟用後的2年內已蒐集了50萬種植物的種子。而它的最終目標是蒐集450萬種植物的種子，簡直就有如《聖經》中的「諾亞方舟」一樣，相信未來有一天將會派上用場。

生物之窗

當紅物種
——世界最小的變色龍等

在人類對自然界的好奇心擴展到全球後，世界各地的學者得以前往過去因為環境太過嚴苛而無法到達的地區，研究當地的生物。結果，生物學家在那些地方發現了許多新的野生生物。這裡我們將介紹幾個例子。

科學家在非洲南部的島國馬達加斯加，發現了一種全長不到3公分，全世界最小的變色龍。這種為了適應資源有限的海島環境而使體型演化變小的現象叫做島嶼化，該物種可說是島嶼化的極端例子。

2010年4月，科學家在由馬來西亞、印尼、汶萊這3個國家共同管轄的婆羅洲，發現了全世界體長最長的昆蟲。這種昆蟲是竹節蟲的新種，伸展開來從前肢前端到腹部尾端可達56.7公分，軀幹部分也有35.7公分。這種竹節蟲後來取其發現者的姓氏，被命名為「陳氏竹節蟲（Chan's megastick）」。

而在大海方面，科學界也進行了一項超大型計畫——國際海洋生物普查計畫（CoML：Census of Marine Life），花費10年的時間調查全球海洋生物的分布和多樣性，並於2010年10月完成調查。包含日本在內，一共有約80個國家、超過2000名研究者參與，在一系列的調查中發現了5000種以上的新物種。同時此計畫也發現光在日本近海就有14.6%的海洋生物棲息於此，也就是3萬3000種海洋生物，與澳洲近海同屬世界上生物多樣性最豐富的海域之一。

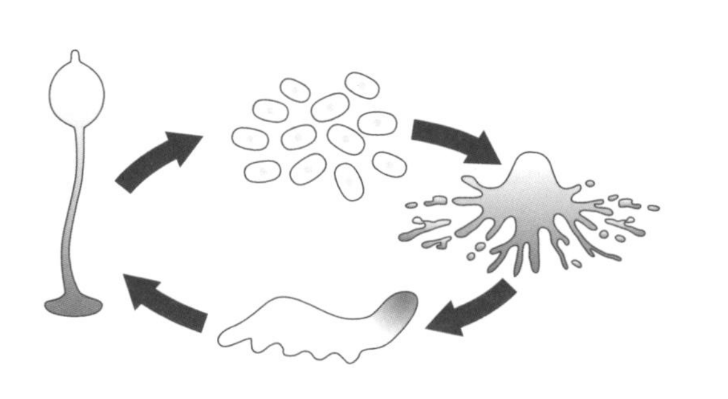

第9章

生物如何在環境中生存

組成生態系的生產者和消費者

——什麼是生態系？

在自然界之中，同一種類的生物，始於彼此的合作關係或對立關係，然後是和其他生物的關係（〈吃—被吃〉關係、共生關係、寄生關係等），之後是與包含所有生物在內的多樣的地球環境之間的關係，可以說有著各式各樣不同的關係。而這就是所謂的**生態系（ecosystem）**指的是生物群聚（動物群聚或植物群聚）及其所在自然環境的所有環境要因。

近年來，在全球暖化的影響下，各地都出現氣候變遷的現象。世界各國的全年最高氣溫年年都在突破新高，溫差也變得更劇烈，有時會連續出現高溫酷熱的天氣，有時又冷到讓人受不了；颱風和龍捲風的威力也在增強，豪雨持續不斷，造成土石流災害頻仍。

伴隨上述的氣候變化，全球的生物也在大量地滅絕。由於生物無法與其身處的環境切割開來，因此要阻止這場生物大滅絕，就必須確實理解整個生態系（ecosystem）。

最近科學家發現，自然界出現了紅蜻蜓和青蛙的數量減少，毛毛蟲的數量大增等異象。然而，這些異常現象背後的原因往往不單純，反而意外地都很錯綜複雜。有些人可能會覺得毛毛蟲大量繁殖的話，多噴點殺蟲劑不就好了嗎？可是殺蟲劑也會殺死以毛毛蟲為食物的益蟲，所以隔年毛毛蟲有可能不減反增。**理解生態學有助於我們找出如何與大自然共存，使地球環境維持穩定的方法。**

構成生態系的生物可以大致分為生產者和消費者2種。生產者是指行光合作用，利用太陽能合成有機物的綠色植物。消費者則是指動物，以植物為食的草食動物是初級消費者，以草食動物為食的動物是二級消費者，而以二級消費者為食的動物則叫做三級消費者（靠分解枯死的植物、動物死屍或動物排泄物等存活的生物，以前被稱為分解者，但現在已被分類為消費者）。

生態系中這種生物之間〈吃—被吃〉（掠食者—被掠食者）的

圖1 ● 生態系的結構

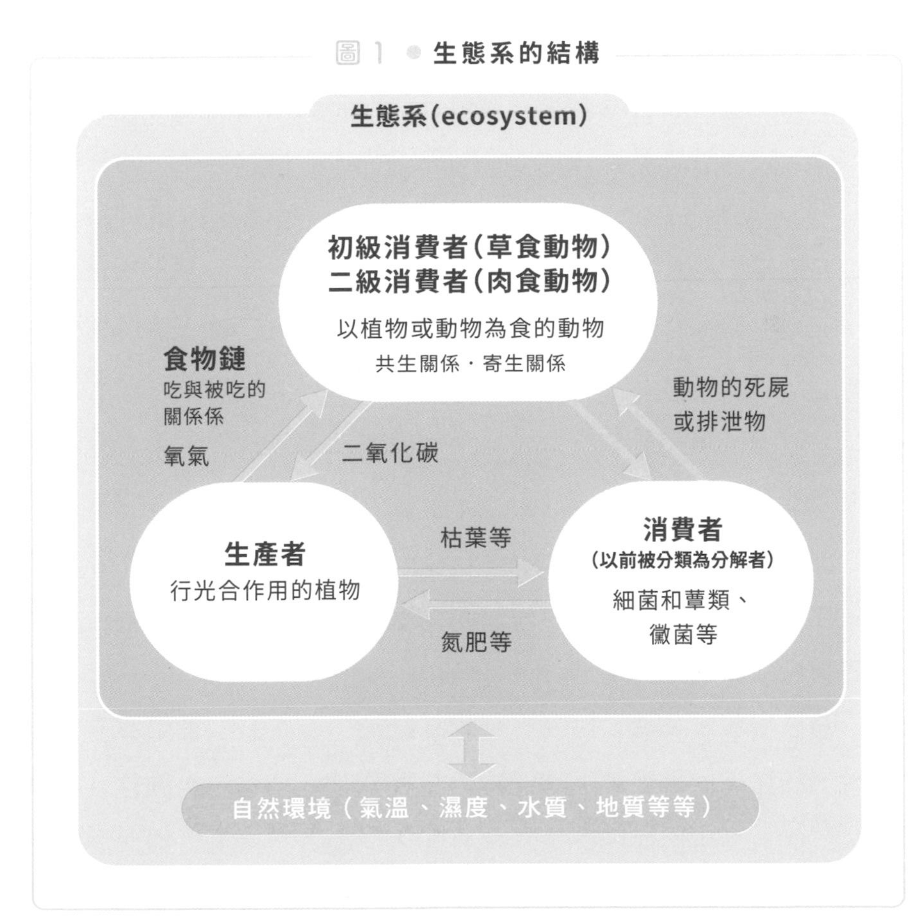

關係，就像一條環環相扣的鎖鏈，所以又叫做**食物鏈**；而當食物鏈的關係太過複雜，宛如一張網的時候，則稱為**食物網**。

什麼是棲息地和生態位？

——解讀艱澀的生態學用語

我們每個人在這世上都有自己的定位。這個定位指的不只是居住的地方，還包括社會地位和工作等等。如果你是公司職員，那麼公司就會有你的辦公桌，在公司工作就能領到薪水，回家後或許還有家人在等待。每個人都有自己的生活型態。

而在自然界，各種生物也同樣有其獨特的生活型態。生物在自然環境中的居住地（棲息環境）叫做**棲息地**，而生物在生態系中的定位則叫做**生態位（Ecological niche）**。在生態系中的定位，指的不是該生物的居住場所，而是該生物在食物鏈中的位置。niche一詞原指寺廟中用來擺放佛像或裝飾物的牆壁凹槽（壁龕）。因此就像壁龕一樣，塞不進壁龕的生物就會被生態系淘汰。

所有的野生動物都有其獨特的生態位。在食物鏈中，小鳥會捕食昆蟲，同時也會被老鷹或鷲等猛禽類捕食。參照圖2，應該就能理解各種動物是如何塞進生態系這個**壁龕**內的。

舉例來說，古時候，日本全國各地都有野狼棲息，但在人類將野狼滅亡後，野狗便取代野狼的位子（生態位）成為新的掠食者，這就是一個很典型的例子。假如野狗沒能代替野狼填補生態位的空缺，恐怕整個生態系都會崩潰。

由於日本在明治時代大量使用農藥，使得野鳥吃到被農藥汙染的昆蟲而大量死亡。結果這些野鳥所占的生態位就消失了。野生的東方白鸛和朱鷺一度在日本絕種，儘管現在生物學家已順利展開復育，但要使這些野鳥再次出現在日本的野外，就必須替牠們重新創造生態位。

而在江戶時代，由於水田幾乎不使用農藥，存在於水田中的害蟲、益蟲等各種昆蟲，養活了以這些昆蟲為食的野鳥。然而，現代還剩多少農民不使用農藥種田呢？要推動無農藥農業需要耗費驚人的成本和勞力，所以採用有機農法的農民在日本並不多見。因此，這些好不容易免於絕種的野鳥，依然難以在自然界重新繁殖，想重

圖 2 ● **野生動物的生態位表示圖**

每種動物在食物鏈(食物網)中都有自己獨特的生態定位，就好像在壁龕內有著自己的位置。

現江戶時代日本各地都能見到東方白鸛和朱鷺的景象，可說相當困難。由此例可見，生態位一旦消失就難以復原。

植物的耐性比動物更強

——最新基因組研究發現的植物生存戰略

一如在4－9介紹過的，全球共同完成人類基因組計畫後，科學家開始著手進行各種生物的基因組解碼。在此之前，各國的團隊已零星公布各種生物的基因數研究結果。起初，科學界預測愈低等的生物，基因數量愈少，而愈高等的生物，基因數量愈多。因此當完成人類基因組的解碼，發表人類身上約有2萬6000個基因時，大家都對這個數字大大低於預期而感到意外（後來這個數字下修到2萬個）。之後一如1－10所述，隨著各國研究團隊紛紛公布各種生物的基因數，科學界才意識到高等生物的基因數不見得比較多。

即使是基因數量較少的水稻也有約3萬7000個基因。玉米也有約3萬2000個基因。小麥因現行品種的染色體已比中亞產的原始種增加了6倍，基因數也多了6倍，所以總基因數仍不確定。

科學家認為植物的基因數之所以這麼多，是因為跟棲息環境惡化後可以遷徙的動物相比，植物一輩子都只能在同一個地方生長，所以演化出可以適應各種嚴苛環境的「抗性基因」。把植物放在嚴苛的環境一段時間，植物便會啟動相應的基因來適應該環境。

就跟我們人類面對工作和人際關係會有「壓力」一樣，植物在求生時面對的嚴酷環境因子也叫做「環境壓力」。這些環境壓力包含太強的光照、阻礙光合作用的弱光、高溫或低溫、大雨或日照等等。而植物會針對不同的環境壓力，啟動不同種類的抗性基因。這種行為叫做**壓力反應（stress response）**。研究植物的壓力反應機制，對於將作物改良成在嚴苛環境下也能維持高產量的品種，以及實現沙漠綠化等環境改善工程非常重要。

在植物對環境壓力產生的反應中，最有意思的是對低溫壓力的反應。在北海道等寒冷地區，人們會在汽車的水箱中加入防凍劑，防止水箱中的水在低溫下結凍。而植物也會採用類似的方法。

因為冰晶會刺穿植物的細胞，所以細胞內形成冰晶對植物來說非常致命。因此當氣溫下降時，植物會啟動體內的抗寒基因，在細胞內填滿糖和胺基酸。砂糖等物質一旦溶於水，水的凝結溫度就會下降，所以植物在遇到低溫壓力時會提高細胞內的糖分和胺基酸濃度，避免細胞內形成冰晶。

生態系有金字塔？

——生產者與消費者的關係

在生態系當中，不同物種之間會形成〈吃—被吃〉的關係。此時，絕大多數情況下，生產者和消費者的數量會依生產者、初級消費者、二級消費者的順序遞減。這是因為如果消費者的數量比生產者還多，草食動物等消費者便會因糧食不足而餓死。

但是當然也有例外。例如當一棵樹上棲息著許多以樹葉為食的昆蟲時，生產者（植物）和初級消費者（昆蟲）的數量多寡就與上述相反。不過，如果不用數量，而是用生物的質量或生物所含的能量為單位，那麼生產者的量仍然比消費者大得多。

所以依照生產者、初級消費者、二級消費者、三級消費者的順序愈往食物鏈的營養階層上方走，物種的數量和所含的能量就會愈少。因此若以生產者為地基，上方為初級消費者，再上方為二級消費者，逐步往上堆疊，就會形成一個愈往上愈小的金字塔形狀。這就叫做**生態塔**（或**能量塔**、**生物量金字塔**）。

那麼，為什麼生態塔不會出現上層比下層更大的顛倒情況呢？事實上在自然界中，生態塔的確有時會發生畸形的狀況。譬如當毛毛蟲大量繁殖時，作為食物的生產者（植物）數量就會減少，使上層的初級消費者（毛毛蟲）數量大於下層。然而，通常毛毛蟲在把植物吃光後就會因為沒東西吃而大量餓死，又或者被吃毛毛蟲的螳螂或小鳥等發現而被吃掉。所以當生態塔的形狀變形時，生態系便會透過上述的機制進行修正。

圖3 ● 生態塔

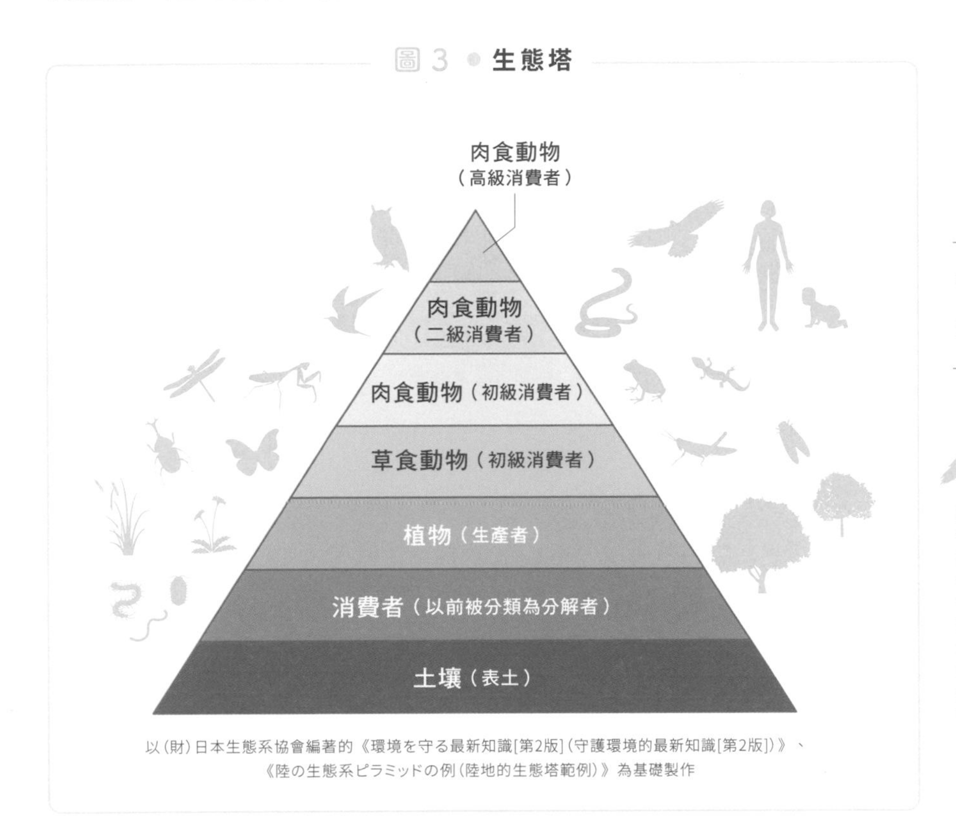

以（財）日本生態系協會編著的《環境を守る最新知識[第2版]（守護環境的最新知識[第2版]）》、《陸の生態系ピラミッドの例（陸地的生態塔範例）》為基礎製作

生活環境的良劣決定生物的命運

——最適密度的故事

在電車內或街上人擠人時，總會讓人心煩氣躁；但相反地，如果周圍一個人也沒有，又會感覺有點寂寞。人類的社會似乎存在一個讓人感到最舒適的人口密度。

在生態學上，生物的族群也存在最適合的密度。1930年代，美國生態學家沃德·克萊德·阿利（Warder Clyde Allee）發現，當生物的族群密度達到某個臨界值時，生存率和繁殖率最高。這個現象基於其發現者的名字被命名為**阿利效應**。這個效應被認為可能有助於保護面臨絕種危機的野生動物和驅除外來生物等，近年逐漸受到關注。

舉例來說，居住在非洲大草原的斑馬在族群密度達到某個程度後，在被天敵的肉食動物掠食時，族群成員有很高的機率會及時發現，並靠數量優勢擊退掠食者。大量個體共同生活也能夠提高繁殖率。此外，沙丁魚等小型魚類也會成群結隊行動，這樣在被大型魚類攻擊時，即使有少數個體被吃掉，整個族群也有很高的機率存活下來。

而靠提升族群密度增加生存率的最好例子，當屬棲息在海邊岩岸的藤壺。藤壺平常總是附著在岩石上，因此常常被人誤以為是貝類，但牠們其實跟螃蟹和蝦子一樣屬於甲殼類。最好的證據就是剛從卵中誕生的藤壺幼體，會以無節幼蟲的型態飄到海中，而牠們的外形就跟螃蟹和蝦子的幼體非常相似。

不過當藤壺長大成熟，附著到岩石上後，便會長出富士山形狀的硬殼，一輩子待在同一個地方。以前生物學家懷疑藤壺之所以密集棲息於岩岸，是為了搶食浮游生物，因此群居的生存率可能還比不上獨居；但後來才發現，藤壺採高密度群居的生活方式其實有個非常大的好處。

藤壺俗稱蔓腳類，一如其名，牠們長有藤蔓般的腳，當身體泡在海水時，牠們會像招手的招財貓一樣，利用腳撈捕海中的浮游生物。藤壺在交配時也會使用藤蔓般的腳。但因為受限於腳的長度，牠們無法碰到遠處的同伴，所以不密集群居的話就無法繁殖。

為什麼生物學家能知道海豹在深海的行為模式？

——生物信標追蹤的故事

過去，生態學家在進行田野調查時，大多是在陸地上觀察野生動物的行為；但近年來，生態學家開始在野生動物身上裝上各種器材，藉由分析那些器材發出的電波來研究動物的行為。像這種在野生動物身上裝設超小型紀錄器（data logger），追蹤動物行為的研究法就叫做**生物信標追蹤（Bio-Logging）**。

陸地上的野生動物可以用肉眼觀察，獲得各式各樣的知識，因此很早就發展出動物行為學這門學問；但要研究生活在海中的野生動物生態卻很不容易。因此，水族館內企鵝步履蹣跚的可愛姿態，海豹慵懶地躺在水槽一角的印象，長久以來深植人心。然而直到最近，科學家運用了生物信標追蹤的技術後，終於逐漸解開這些生物在自然界的真正樣貌。

生物學家在野生企鵝和海豹的身上綁上電子信標，再將牠們放回自然界中，等過了一段時間再回收信標，在調查牠們的行為模式後，生物學家有了意外的發現。原來我們在水族館看到的企鵝和海豹，實際上牠們的潛水深度比我們想像的更深。譬如南象鼻海豹可以潛至深達1200m的水下，而且可連續潛水2小時之久。皇帝企鵝也可在530m深的水下潛水20分鐘。海豹是哺乳類，跟我們一樣是用肺部呼吸。然而牠們卻能潛到那麼深的水下，還可以連續潛水超過2小時，令科學家不禁納悶牠們究竟是如何在潛水時補充氧氣，產生了諸多疑問。

汙染物質的生物濃縮

——什麼是環境荷爾蒙？

荷爾蒙是由我們體內的器官製造，通過血液送到其他器官來傳遞訊息的化學物質。由於荷爾蒙會分泌到血液中，因此與荷爾蒙有關的學問叫做內分泌學。

1960年代以後，世界迎來高度成長期，人類透過人工方式合成出數以萬計的塑膠製品和藥物等有機化合物。由於這些有機化合物大多原本不存在於自然界，因此後來發現很多都是對野生動物有害的物質。

特別是燃燒垃圾產生的有害氣體戴奧辛和有機氯殺蟲劑DTT（Dichloro-Diphenyl-Trichloroethane，雙對氯苯基三氯乙烷）、PCB（多氯聯苯），由於一旦進入人體就會產生類似荷爾蒙的作用，很有可能會擾亂內分泌系統，因此又被稱為**內分泌干擾素（別名：環境荷爾蒙）**。此外，要是魚類體內含有高濃度的塑膠原料「雙酚A」，將會使魚類變性（雌體化）。

這些物質都不溶於水，容易堆積在脂肪組織中，一旦透過食物進入生物體內就很難排出。因此在海洋生態系中經由浮游植物→浮游動物→沙丁魚等小型魚→鮪魚等大型魚的食物鏈，即使一開始在浮游植物中只含有微量，但愈往生態塔的上層，生物體內的環境荷爾蒙就會愈積愈多，對大型魚類的生存造成極為不良的影響。這種現象叫做**生物濃縮**，是造成野生動物數量減少的原因之一。

表 1 ● **代表性的內分泌干擾素（環境荷爾蒙）**

化學物質名稱	用途	作用
戴奧辛類	農藥副產品、燃燒垃圾	抗雌激素、干擾內分泌
PCB	阻燃劑	雌激素
DDT	農藥	雌激素
DDE（DDT的代謝物）		抗雄激素
十氯酮	農藥	雌激素
甲氧DDT	農藥	雌激素
乙烯菌核利	農藥	抗雄激素
壬基酚	界面活性劑	雌激素
雙酚A	樹脂原料	雌激素
鄰苯二甲酸丁苄酯	樹脂塑化劑	抗雄激素
Coumestrol	植物荷爾蒙	雌激素

雌激素是女性荷爾蒙，雄激素是男性荷爾蒙。

如何恢復崩壞的生態系？

——理想群落生境的故事

近年來，融合人類生活空間和自然環境的實驗愈來愈盛行。在日本新建的大型集合住宅和小型公寓中，也愈來愈多採用環境友善設計，例如在建築物的屋頂或是外牆栽種綠色植物，藉此降低室內氣溫。

生物群聚的生活空間在德語叫做**biotop（群落生境）**；而在日本，這個詞的意思是將環境改造成生物易於居住的狀態，逐漸受到社會重視。那麼，我們理想的群落生境又是什麼樣子呢？在你的想像中，是不是開滿美麗的外國花種，到處結滿美味的水果，宛如桃花源的景象呢？

舉例來說，假如要在日本國內打造一座西式庭園，並在裡面種滿各式各樣外國產的美麗花朵。由於日本的環境與這些植物的原產地不同，因此這個庭園必須靠人持續照顧才能維持下去。一旦沒有人維護的話，這些植物很快就會因為無法適應日本的自然環境而枯萎凋謝。

來自外國的動植物俗稱外來種，在這些外來種中，有時會出現剛好能適應日本氣候，又因為沒有天敵而數量暴增的物種。然而，這些外來種有時會搶奪原本就棲息在日本的動植物（原生種）的生態位，導致原生種滅絕。譬如，秋天會開出成串黃花的高莖一枝黃花原本是生長在北美的植物，但現在已經遍布日本全國的空地，驅逐了其他植物；還有西洋蒲公英也大舉入侵已開發的地區，使日本的都市幾乎看不到原生的日本蒲公英。現在空地上蔓生的雜草大多都是外來種，幾乎找不到日本原生的植物了。

另一方面，日本的河川也因為釣客從外國引進魚類後流放，導致大口黑鱸、小口黑鱸、藍鰓太陽魚等外來種入侵，其旺盛的食慾幾乎把青鱂和黑腹鰟吞噬殆盡，大幅改變了河川的生態系。

另外在都市近郊的山林，赤腹松鼠、浣熊、獴等外來種也不斷增加，侵占了原生種的生態位，威脅到日本松鼠、狸貓、狐狸等動物的生存。不僅如此，野生化的浣熊還會大肆破壞農作物，或是在住家挖洞、擅自在屋簷築巢，危害到人類的安全，造成各式各樣的弊害。

那麼，究竟該怎麼做才能打造理想的群落生境呢？**生態學家認為最好的方法，便是維持該地點原本的環境，種植原生於該地的植物，並且利用俗稱「生態走廊」的自然通道連接附近的山林等自然環境。**

如果在河川的底部或是河岸邊鋪滿水泥的話，葦草等水生植物就無法生長，因而難以形成一個生態系。所以，近年來日本的地方政府在進行治洪工程的時候，也開始挖掉以前鋪設的水泥，盡量將環境復原到貼近自然的狀態，好讓水生植物能夠重新在河底和岸邊生長。

另一方面，在陸地的部分，只要重新種植原本生長在該地的植物，恢復自然環境，即使不特別派人力去照顧，昆蟲等動植物也會自然來到群落生境，建立穩定的生態系。只要有植物在大地上生根發芽，以後就算下大雨也比較不會發生土石流，即使遇到乾燥的天氣也不會塵土到處飛揚。

日本的原生種都有各自的生態位，並透過食物鏈與其他動植物緊密串連在一起。因此在恢復自然環境之後，有時一度從該地區消失的昆蟲便會自己從山林等其他地區回歸。只要昆蟲的數量增加，以昆蟲為食的小鳥和老鼠等小型哺乳類也會跟著增加，然後以小型動物為食的鷲、老鷹等猛禽類也會跑來，恢復成物種多元豐富的生態系。

這樣的環境，對人類而言也是易於居住的環境。夏天，植物的光合作用會讓氣溫下降，樹木則可以遮擋陽光；河流中有青鱂等小

圖 4 ● **理想的群落生境**

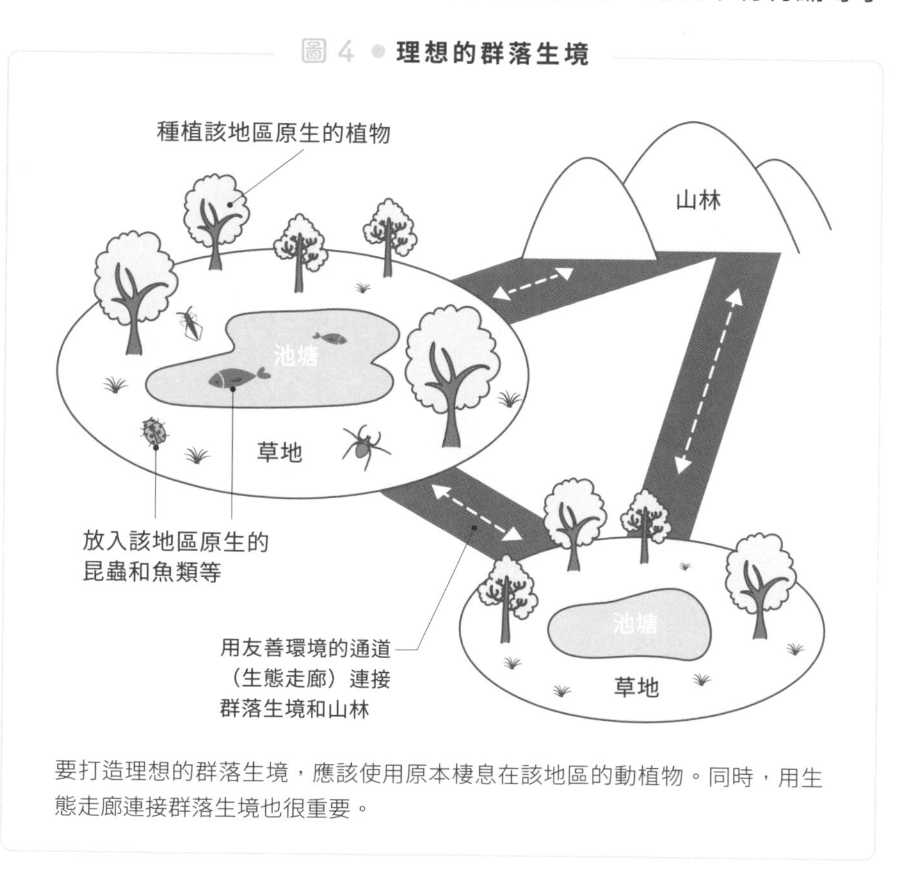

要打造理想的群落生境，應該使用原本棲息在該地區的動植物。同時，用生態走廊連接群落生境也很重要。

魚存在的話，蚊子的幼蟲孑孓也無法大量繁殖，我們也不會成天被蚊子侵擾。

索引

著者簡介

大石正道（Oishi Masamichi）

1984年，筑波大學第二學群生物學類畢業。

1989年，筑波大學研究所生物科學研究科生物物理化學專攻博士課程結業。

理學博士。曾擔任美國南卡羅來納大學研究助理教授，1991年在北里大學衛生學部生物科學科擔任助手。

1994年，在理學部設立後轉至理學部任教。2003年4月任理學部物理學科生物物理學講座專任講師。2016年4月～2018年3月，任日本電氣泳動學會會長。

〈著作〉

每年皆負責《現代用語の基礎知識（現代用語的基礎知識）》（暫譯，自由國民社）的「生物、動物用語」部分。著有《ホルモンのしくみ（荷爾蒙的機制）》、《ヒトゲノムのしくみ（人類基因組的機制）》（暫譯，皆為日本實業出版社）、《図解雑学　遺伝子組み換えとクローン（圖解雜學　基因改造與複製技術）》（暫譯，ナツメ社）等書。

大人的生物教室
透過85堂課理解生命的起源與存在

2021年2月1日初版第一刷發行
2022年8月1日初版第二刷發行

著　　者　大石正道
譯　　者　陳識中
副 主 編　陳正芳
發 行 人　南部裕
發 行 所　台灣東販股份有限公司
<地址>台北市南京東路4段130號2F-1
<電話>（02）2577-8878
<傳真>（02）2577-8896
<網址>http://www.tohan.com.tw
郵撥帳號　1405049-4
法律顧問　蕭雄淋律師
總 經 銷　聯合發行股份有限公司
<電話>（02）2917-8022

國家圖書館出版品預行編目資料

大人的生物教室：透過85堂課理解生命的起源與存在 / 大石正道著；陳識中譯.
-- 初版. -- 臺北市：
臺灣東販股份有限公司, 2021.02
248面；14.8×21公分
ISBN 978-986-511-549-4(平裝)

1.生命科學

361　109018619